S. CONVENTVS HOSPITALIS ROSCIDEVALLIS
SARRIA · C/ Mayor, 10 · ALBERGUE DON ALVARO
4 JUL.

Refug
ORISSON
06 81 49 79 56
ALBERGUE PEREGRINOS
CONCEJO DE ZUBIRI (Navarra)
9/6/2011
REFUGIO
PUENTE
(Nav

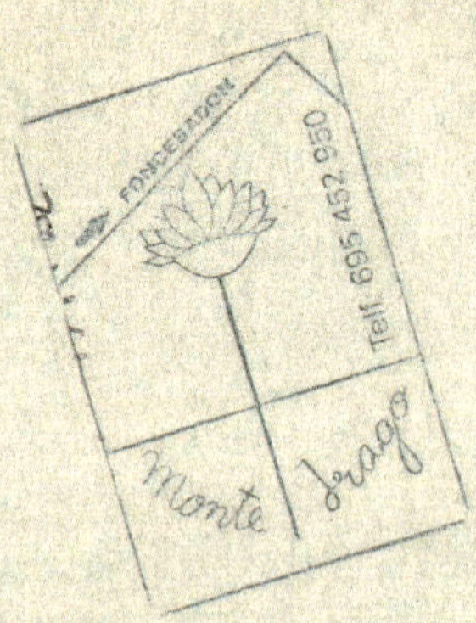
FONCEBADON
Telf. 695 452 930
Monte Irago

ACCUEIL SAINT JACQUES

www.albergueferramenteiro.com
info@albergueferramenteiro.com
PORTOMARIN
982 545 362
c/ Chantada, 3
Albergue
Ferramenteiro

Astorga
Valdeviejas
A casa
Verde
Km 25
1933
29 ECT

VIA
LACTEA

SAN JUAN
PORTOMARIN

GANSO
MESON COWBOY
SANTIAGO
LA POSADA DE
EL ACEBO

Camino de Santiago
India • Nepal • 236days

연애가 끝나고 나니 비를 듣거나 바람이 보고 싶어졌어

작고 조용하고 눈에 띄지 않는 것들을 찾아가고 싶었어

눈 앞이 보이지 않을 정도로 울고 싶었지만

더 크게 웃고 싶기도 했어

SURF RESCU

마음아, 너 얼마나 더 견디겠니?

비척거리는 마음을 안고 나는 여행을 떠났어

Museo
etnografico

여행, 그리움을 켜다

최반 지음

꿈의지도

#3 내 맘에 닿았던 게 무엇이었을까요?

#6 누구나 가슴에 꽃 하나 있어요

1

마음의 근육은 항상 기억하고 있어

Birthday Party

무릎 위에는 케이크가

잠든 고양이처럼 얌전히 놓여 있다.

헤어진 사람의 생일은 저물어가고

멀리 시내까지 나갔다가 돌아오는 버스 안은

괜한 일을 거들어준 탓인지

발갛게 물들어 간다.

birthday party?

몇 시간이나 궁금한 걸 참았던 건지

첫 모음이 갈라지며 건너편에 앉은 청년이 묻는다.

yes, birthday party

내 거짓말을 눈치 챈 건지, 아니면

더 이상 영어가 생각나지 않는 건지

청년은 한쪽이 떨어져 나간 가방 끈을 부여잡는다.

버스는 태양을 불어서 끄겠다는 듯

입을 쭈욱 내밀며 앞으로 곧장 달려가고 있다.

지금 이게 무슨 짓이에요?

누군가 내게 물었으면 좋겠다.

이런 유치한 짓은 그만두시라구요

누군가 나를 힐난했으면 좋겠다.

영원히 깨어나지 않을 것처럼

케이크가 무릎 위에서 꼼짝하지 않는다.

상실은 상처가 되더니 곳곳에 새로운 상징을 만든다.

그래, 너 없는 너의 birthday party!!

02

마음의 근육

세상 사람을 모두 속인다 해도
자기 자신마저 감쪽같이 속인다 해도
심지어 신을 속인다 해도

마음의 근육은 항상 기억하고 있어.
당신 마음이 어느 쪽으로 자주 움직였는지
그리워했는지.

E
S
N
O

03

비 오는 날에 국수

비 오는 날에 국수

Batch No.
Date of Pkg.
Max. Retail Price Rs.
(Inclusive of all taxes)

일주일 넘게 폭우가 쏟아지고 있었다. 며칠째 모르는 번호로 여러 번 전화가 왔지만 받지 않았다. 누구일까? 궁금했지만 어쩔 수 없었다. 전화를 받는 순간, 살얼음 같은 기대감이 깨져버려 더 깊은 곳으로 떨어져 버릴지도 모르니까.

마음이 싱숭생숭해지기 시작했다. 그럴 때면 나는 꼭 부드러운 면발의 국수가 먹고 싶었다. 그래서 폭우 속을 뚫고 티벳 식당을 찾아가서 뚝바라는 티벳식 국수를 먹던 중이었다.

쿠르르르릉, 산이라도 하나 무너져 내리는 소리가 들렸다. 놀라서 가게 밖을 내다보니 빗속에 꼽추 한 명이 가게 안을 보며 서 있었다.

'아니, 이런 폭우 속에…'

자세히 보니 꼽추가 아니라 젊은 남자를 등에 업은 늙은 여자였다. 남자는 무릎 밑에 다리가 없었고 여자는 몹시 지쳐 보였다. 평생을 가난이 먹구름처럼 쫓아다녔을 것 같은 초라한 행색이었다. 한눈에도 그들이 모자지간이라는 것을 알 수 있었다.

그들은 비에 흠뻑 젖은 채 내 국수 그릇을 간절히 바라보고 있었다. 들고 있던 국수 가락이 가슴 안쪽으로 주르륵 쓸려 내려갔다. 생 몸으로 빗줄기를 받아내고 있는 모자의 살갗에 뾰족한 바늘들이 돋아나는 것이 보였다.

"무슨 놈의 생이 이리도 자주 고단한 건지…"

"하지만, 사는 건 언제나 중요한 문제니까요…"

얼마 전 여행친구 제이와 나눴던 대화가 불쑥 떠올랐다.

식당 주인 아주머니가 주방에서 뜨거운 국수 한 그릇을 들고 나왔다. 밖에 서 있는 모자를 향해 들어오라고 손짓을 했지만, 모자는 꿈쩍 않고 그 자리에 서 있었다. 하는 수 없이 주인 아주머니가 밖으로 나가 늙은 어머니의 손에 국수 그릇을 쥐어줬다.

굵은 빗방울이 국수 그릇 안으로 쏟아져 들어갔다.

늙은 어머니는 한 손으로 그릇을 받쳐들었고 뒤에 업힌 아들은 한 손으로 국수를 건져서 어머니의 입에 넣어주었다. 어머니 한 젓가락, 자기 한 젓가락…

나는 우산을 들고 밖으로 나갔다. 비에 흠뻑 젖은 채 국수를 먹고 있는 모자의 머리 위에 가만히 우산을 씌워주었다. 우산은 턱없이 작아서 나는 금세 물에 빠진 사람처럼 젖어버렸다.

톡.톡.톡.톡… 우산에 부딪히는 빗방울 소리가 누군가의 전화번호를 끝없이 누르는 소리처럼 들렸다. '다음에는 전화를 받아볼까?'

빗줄기가 거세지면서 세상과 마음 안 소리들을 모조리 뺏어가기 시작했다.

FREE
L'Esprit des Chemins
L'Esprit du Chemin
Camino de Santiago

04

여행을 떠나야 할 때 Ⅰ

어떤 책도 더 이상 위로가 되지 못할 때

어떤 풍경도 가슴을 문지르지 못할 때

어떤 만남도 깔깔한 웃음을 주지 못할 때

어떤 아침도 한 번에 허리를 들어올리지 못할 때

어떤 고백도 발바닥을 공중으로 띄우지 못할 때

어떤 원망도 그리움을 목 졸라 눕히지 못할 때

그때 떠나면 좋다.

눈 딱 감고 배낭을 꾸리면 좋다.

서너 문장의 내일은 무시해도 좋다.

왼쪽 손으로 왼쪽 팔꿈치

오전 내내 할 일이 없어서
왼쪽 손으로 왼쪽 팔꿈치를 잡으려고 해봤어.
혀 끝을 턱 밑에 대어보려고도 하고
발 뒤꿈치를 허리까지 닿게 하려고도 해봤어.

내가 하려던 일은 내가 믿은 헐거운 이야기였던 걸까?
내가 하려던 사랑도 내가 믿은 헐거운 이야기였던 걸까?

왼쪽 손으로 왼쪽 팔꿈치를 잡을 수 있다고
내 사랑은 나를 이끈 적 있었나 봐.
하지만, 믿음에게 무슨 잘못이 있었겠어.
믿고 끌려간 내게도 무슨 잘못이 있었겠어.

어차피 그것은 혀 끝을 턱 밑에 대는 일처럼
내게도 당신에게도 어려운 일이었으니.
사랑을 믿은 자, 무슨 잘못이 있었겠어.

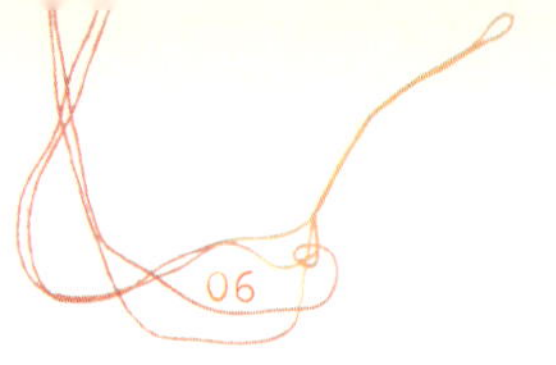

자전거를 남기고 간 남자

자전거를 남기고 간 남자

나는 방금 '그리스인 조르바'를 읽다가 마을청년 파블리가 사모하던 여인 때문에 목숨을 버린 장면에서 책을 덮었다. 덮은 책 위로 키가 낮아진 해로부터 부러져 나온 빛이 찾아와 누웠고 찻집 맞은 편 담벼락 아래에는 소만한 덩치의 소가 우체통처럼 반갑게 서 있었다. 방금 내온 생강차의 향이 단정한 무늬로 테이블 위에 내려앉았다.

모든 게 만족스러운 늦은 오후였다. 그래서 나는 파블리가 목숨을 버린 장면에서 책을 덮고 싶었다. 어쨌거나 스스로 목숨을 끊는다는 것은 따뜻하지도 않고 평화롭지도 않은 것이니까. 이제 조금 있으면 호수로 해가 떨어질 것이었기에 서둘러 차를 비우고 찻집을 나왔다. 큰길에 들어서자 원숭이를 훈련시켜서 상점마다 구걸을 하게 하는 아저씨가 며칠 만에 영업을 하고 있었다. 너무 얄미울 정도로 훈련이 잘된 원숭이였다. 어쩌면 원숭이가 아저씨를 훈련시켰는지도 모른다.

큰길이 끝나고 호수로 내려가는 샛길로 접어들자 저만치 선착장 앞에 한 무리의 사람들이 모여서 웅성거리는 모습이 보였다. 특별히 이 마을에 그렇게 많은 사람들이 모여들 이유가 없었기에 나는 호기심이 일어서 그리로 발길을 옮겼다.

선착장에 도착하니 사람들이 호수 한가운데를 바라보며 떠들어대느라고 정신이 없었다. 호수 위에는 나룻배 두 척이 떠있었는데 배 위의 사람들은 긴 작대기를 들고 호수 밑바닥을 훑고 있었다. 수면에 닿기 시작한 해가 그 풍경을 실루엣으로 만들어서 장엄한 분위기가 연출되고 있었다.

'호수 바닥에서 뭐라도 건지려는 건가?'

나는 옆에 서있는 말라깽이 남자에게 다가가서 '저 사람들이 지금 뭘 하고 있냐'고 물어봤다. 남자는 떠듬떠듬 서툰 영어로 '한 남자가 물에 뛰어들었는데 벌써 삼십 분이나 지났다'고 말했다. 순간, 내 머릿속에 파블리가 떠올랐다. 사모하던 사람 때문에 목숨을 끊은 파블리!!

'혹시…? 저 남자도 사랑 때문에 물에 뛰어든 걸까?'

그런 생각을 하자, 조금씩 몸이 떨리기 시작했다. 입술까지 파래지는 느낌이 들었다.

'정말 그런 걸까? 사랑 때문에? 사랑 때문에 그런 걸까?'

나는 무슨 이유에선지 맘 속의 내 멱살을 붙잡고 거칠게 흔들었다. 말라깽이 남자는 근처에 세워진 자전거를 가리키며 물에 빠진 남자의 자전거인데, 이제 그 자전거는 주인이 없으니 누가 맡아서 가져가야 할지 그게 문제라는 말을 했다.

나는 쿵쾅거리는 마음을 숨기려고 양손을 겨드랑이에 꼭 낀 채 남자에게 조심스럽게 다시 물어봤다.

"왜… 남자가 물에 뛰어들었죠?…. 왜요?"

남자는 내 질문에 답하기 보다는 주인을 잃은 자전거 얘기를 더 하고 싶어하는 눈치였다.

"왜? 왜냐구요?"

내가 다시 다그쳐 묻자, 남자가 관심 없다는 투로 말했다.

"좋아하던 여자가 다른 곳으로 시집을 갔대요."

내 손에 들려있던 '그리스인 조르바'가 바닥으로 툭, 떨어졌다.
말라깽이 남자는 다시 자전거를 가리키며 뭐라 뭐라 말을 했지만,
나는 갑자기 높은 곳에 올라간 것처럼 귀가 멍멍해져서 아무 소리
도 듣지 못했다. 누군가 손 빠른 사람이 내 고막을 훔쳐간 것만 같았
다. 눈 앞의 사람들은 나를 놀려주려고 그러는지 소리는 내지 않고
입만 벙긋거리면서 일부러 슬로우 모션으로 움직이고 있었다. 모든
것이 현실적이지 않았다.
나는 눈을 질끈 감은 채 가위에 눌린 사람처럼 허우적거리다가 소
리를 지르고 말았다.

"사랑 때문이라고! 사랑 때문에 그랬단 말이야!!"

옆에서 자전거를 만지작거리고 있던 말라깽이 남자가 무심한 표정
으로 '땡~땡~' 자전거 벨을 울렸다.
죽음이 갑작스럽고 무서운 것이… 아니었다, 나는. 사랑이 너무 갑
작스럽고 또 사랑이 너무 무섭다는 생각이 들었다. 사람들이 잠깐
내 쪽으로 시선을 던졌지만 바닥으로 무너져 앉는 나를 보고서는
곧 눈길을 돌렸다.

해가 호수에 잠기자 순식간에 주위가 어두워졌다. 갑자기 기온이 떨어졌고 나는 옷을 통째로 뺏긴 사람처럼 떨고 있었다. 자전거 주인 남자가 호수에 몸을 던진 게 모두 내 탓이라는 생각이 들었다. 마침, 오늘 내가 '그리스인 조르바'의 그 대목을 읽어버려서 그랬다는 생각.

호수는 두꺼운 밤의 이불을 덮고 오늘 하루 아무 일 없었다는 듯 잠을 청하고 있었다. 사람들은 수색을 포기하고 하나둘씩 어둠 속으로 흩어져 갔다. 옆에서 한참 동안 눈치를 살피던 말라깽이 남자는 물에 뛰어든 남자의 자전거를 끌고 슬그머니 사라졌다.
나는 곱게 누워 있는 호수의 중심을 노려보면서 혼자 중얼거리기 시작했다.

'일생에 단 한 번만 진정한 사랑이 오는 걸까?'
'단 한 번 도착하는 사랑을 얻지 못하면 반드시 불행해지는 걸까?'
'사랑한 무게만큼의 그리움은 단지 형벌에 불과한 걸까?'

대답을 들을 수 없는 질문이라는 걸 알면서도 나는 오랫동안 그 자리에 앉아 있었다.
강물은 흘러가고 밤은 더 깊어졌다.

07

magic moments

술주정뱅이 하나 없는 술집은 왠지 쓸쓸해.

고깃배 모양의 하얀 모자를 쓴 선원들 사이에서

나는 magic moments라는 보드카를 한 잔 마시고

다음에는 8pm이라는 위스키와 old monk라는 럼주를 마실 거야.

통닭 사진이 맛있게 프린트된 테이블 위에 파리가 앉았어.

술 냄새에 취한 맥주병 뚜껑은 아까부터 바닥에 쓰러져 있고

벽에 붙은 종이 달력은 선풍기 바람에 겨울까지 달려가고 있어.

magic moments!!

마술 같은 순간이었지… 정말 감쪽같았어…

펑, 하더니 사랑이 미움으로 변했다니까…

파리는 아직도 가짜 통닭 곁을 떠나지 못하고 있어.

진짜 통닭으로 펑, 하고 바뀔 때까지 기다리는 눈치야.

미련하기는… 꼭 누구처럼…

둥둥둥… 배가 들어오는 모양이야…

하얀 모자가 검은 모자가 된 늙은 선원이

위스키 한 모금을 서둘러 입에 털어 넣고 나가는 사이,

목 마른 햇살이 문틈 사이로 미끄러져 들어왔어.

술주정뱅이 하나 없는 술집은 왠지 쓸쓸해.

둥둥둥… 술집은 바다로 마음 안으로 어제로 둥둥둥…

magic moments!!

MAGIC
MOMENTS
PURE GRAIN VODKA
BAGPIPER
BAGPIPER
8PM

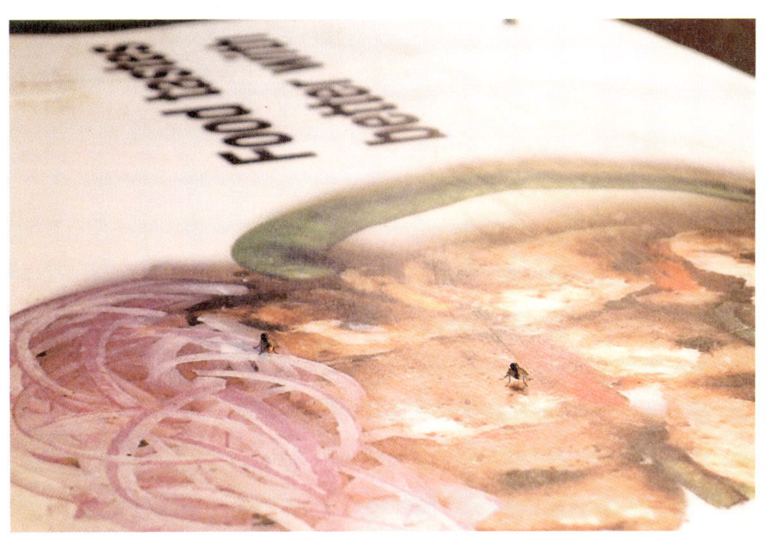
Food tastes
better with

08

반짝이는 별을 달고

남자는 빠르게 옷을 갈아 입었다.

방금 전까지 입고 있던 별이 두 개 박힌 군복은

곱게 접혀 가방 안에 들어갔다.

옷 가방을 좌석 밑에 밀어 넣고 나서

남자는 알루미늄 재질의 007가방을 만지작거리다가

재빠르게 좌석 밑에 집어넣었다.

한 달 뒤면 그의 30년 군복무는 끝난다.

그때는 그의 떠돌이 생활도 끝나고

따뜻한 남쪽, 가족이 있는 곳으로 돌아갈 수 있다.

기차는 5시간 만에 좀 더 선선한 북쪽 벌판을 달리고 있다.

남자는 아까부터 경계의 눈빛으로 통로를 흘낏거린다.

폭발물을 다루듯 조심스럽게 007가방을 좌석 밑에서 끄집어낸다.

가방 손잡이에는 어울리지 않게 두꺼운 자물쇠가 채워져 있다.

남자는 한 번 더 통로 쪽을 쳐다본 후, 열쇠를 꽂는다.

가방이 열린다.

그의 손에 들려 나온 건 750mm 위스키 한 병

열차 안에서 음주는 불법인 것이다.

남자는 유리컵에 술을 반쯤 채우고 물을 반쯤 섞는다.

순식간에 남자는 한 컵을 비워버린다.

감쪽같은 솜씨로 보아 처음 벌이는 일이 아니다.

남자는 슬그머니 말이 많아진다.

여기저기 전화를 걸어 큰 목소리로 오랫동안 통화한다.

군인다운 각진 목소리가 객차 안에 울린다.

남자는 내게도 조심스럽게 술잔을 내민다.

나도 남자처럼 단숨에 술잔을 비운다.

남자는 비밀을 나눠가진 친구처럼 웃어준다.

남자가 손짓으로 따라오라며 나를 화장실로 부른다.

화장실 앞에서 남자는 담배 한 개비를 건넨다.

우리는 각자 담배를 들고 화장실 안으로 들어간다.

열차 안에서 흡연은 불법인 것이다.

덜컹거리는 화장실 안에서 나는 비틀거리며 중심을 잡고 선다.

담배를 물자, 취기가 한꺼번에 올라온다.

얼굴이 붉으락푸르락 하다가, 갑자기 눈물이 쏟아진다.

언젠가는 모두 끝날 것이다.

남자의 007가방에 깊숙이 감추어둔 위스키 한 병처럼

내 안 깊이 뿌리를 내리고 흔들어대는 이 슬픔도,

덜컹거리는 이 여행도, 깨끗이 비워질 날이 있을 것이다.

하지만 적어도 오늘은 아니다.

그러니 오늘은 조금 울어도 상관없으리라.

눈시울이 붉어진 얼굴을 화장실 거울에 비춰본다.
내가 나를, 내가 나를, 내가 나를 노려보고 있다.
나는 제대로 울고 있다.
불쾌하지도, 유쾌하지도 않은 눈물이 차갑다.

화장실 문을 열고 나오니 남자가 앞에 서 있다.
남자는 아무 말 없이 내 어깨를 토닥거려준다.
슬픔은…
언제나 어깨에 반짝이는 별을 달고 있어서
좀처럼 숨길 수가 없는 것이다.
남자와 나는 서로 어깨를 건채 붉은 기운을 나누며
조용히 자리로 돌아온다.

09

뻔한 얘기 I

지금까지 당신을 말린 사람은 아무도 없었어요.

당신이 훌쩍 여행을 떠나려고 했을 때도

당신이 후련하게 사표를 던지려고 했을 때도

당신이 사랑해서는 안 될 사람을 사랑하려고 했을 때도

당신이 추위에 떨고 있는 노숙자에게 외투를 벗어주려고 했을 때도

그 누구도 당신을 말린 적이 없었어요.

뻔한 얘기지만,

지금까지 당신을 말린 사람은, 언제나 당신 자신이었어요.

당신은 늘 존재하지 않는 누군가에게 혐의를 덮어 씌우곤 했죠.

이제라도 그만, 당신을 놓아주세요.

당신이 당신을 결코 말리지 마세요.

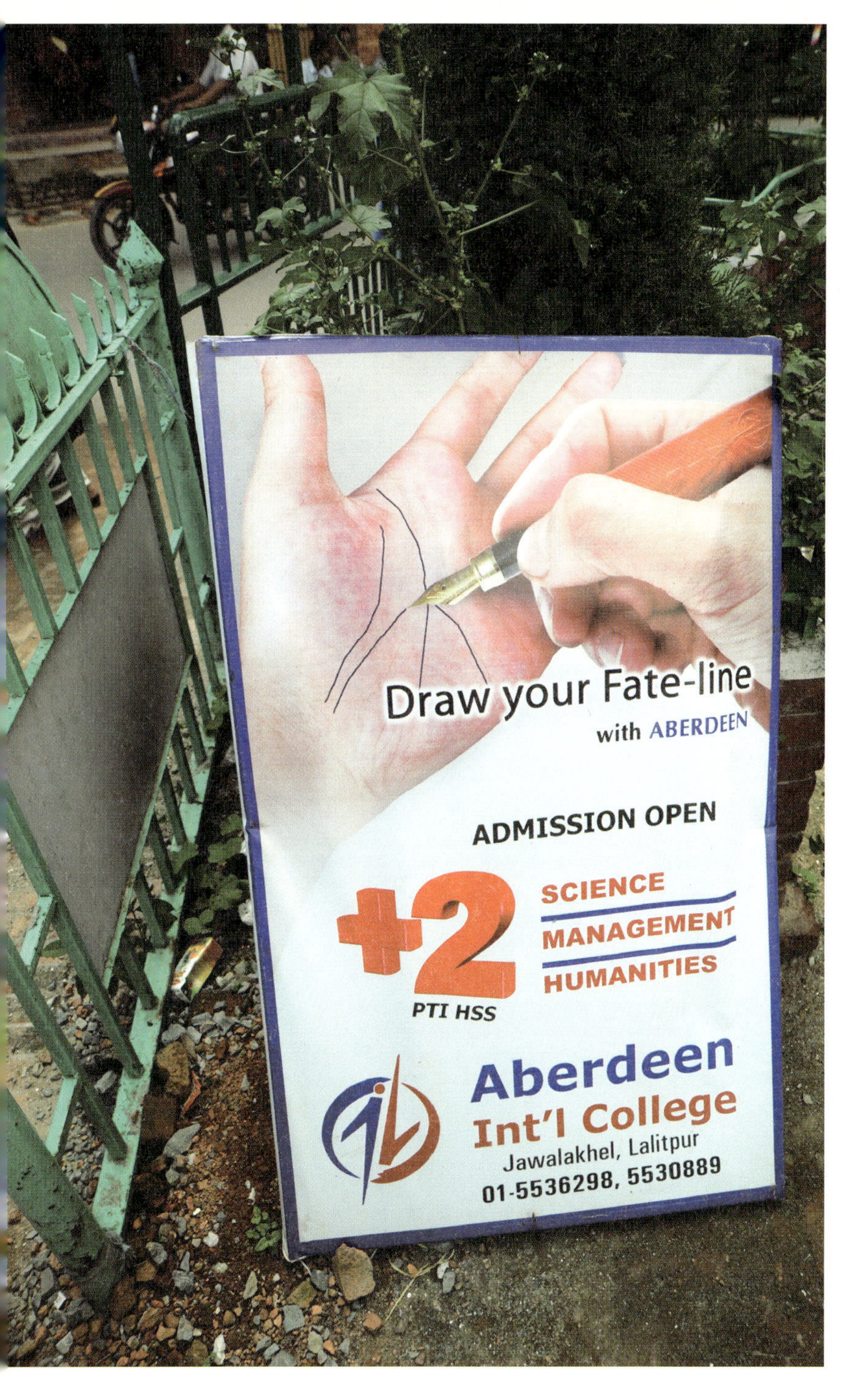

Draw your Fate-line
with ABERDEEN
ADMISSION OPEN
+2
SCIENCE
MANAGEMENT
HUMANITIES
PTI HSS
Aberdeen
Int'l College
Jawalakhel, Lalitpur
01-5536298, 5530889

10

그녀의 치약

치약 때문이었어. 그녀와 내가 세 시간 동안 함께 도시를 헤매고 다닌 까닭은.

그녀는 우리가 머물던 숙소의 공용욕실에 두고 나온 자기 치약이 없어진 사실에 대해서 벌써 두 시간째 안타까워하고 있었어. 처음에는 부주의한 자신을 탓하다가 나중에는 남의 물건에 손을 대는 불특정 다수를 탓하기 시작했어. 그리고는 외국에서 된장독을 사고야 말겠다는 헛된 각오를 한 사람처럼 자기가 쓰던 것과 똑같은 치약을 찾겠다고 길을 나섰던 거야.

한국이라면 쉽게 가능했겠지만 그녀의 의지는 애초부터 터무니없는 망상이었어. 비슷한 향의 치약을 찾는 것만으로도 목표는 달성한 것이라고 옆에서 수 차례 얘기해주었지만 그녀는 요지부동이었어. 자기가 쓰던 치약과 똑같은 것이 아니면, 앞으로 절대 이를 닦지 않겠노라고 오른손을 들어 선언까지 해버렸어. 나는 이를 닦지 않아 암리차르의 황금사원처럼 누렇게 도금된 이를 하고 환하게 웃는 그녀를 상상하면서 그 일만은 막아야 된다고 결심했던 거야.

열 세 번째의 상점에도 그녀가 원하는 치약은 없었어. 열 네 번째,

열 다섯 번째… 아니, 백 번째의 상점에도 그녀가 찾는 치약은 없을 것이 분명했어.

대략 두 시간 정도는 착한 남자 흉내를 내면서 버틸 수 있었지만 시간이 흐르면서 내 인내심에도 빨간 불이 들어왔어. 그렇다고 이제 와서 슬그머니 혼자 돌아가기도 멋쩍고 치약 하나 가지고 뭐 그리 유난을 떠냐고 훈계를 할 입장도 아니어서 나는 슬그머니 너스레를 떨면서 말을 붙였어.

"좋아, 그 치약만을 고집하는 이유를 3가지만 말해봐, 그러면 오늘만이 아니라 다음 달까지라도 함께 치약을 찾으러 다닐게."

그녀는 3가지까지는 말할 게 없다고, 똑같은 치약을 찾는 이유는 단 한 가지뿐이라고 했어.

그 사람이 좋아하던 치약이랬어. 그 사람이랑 함께 쓰던 치약이랬어. 그 사람 입에서 그리고 자기 입에서 같은 향이 나는 게 너무 좋았다고 했어.

그리고 그녀는 입을 다물어 더 말하지 않았지만 더 들을 필요를 나도 잃어버리고 말았어. 우리는 해가 잠기고 저녁이 가슴 위로 차오를 때까지 씩씩하게 치약을 찾아 다녔어.
그날… 우리가 찾아 다니던 것이 다만 치약뿐이었을까?

11

뼈

물에도 뼈가 있어요.

물은 물고기처럼 흘러가니까.

바람에도 물론 뼈가 있어요.

바람은 새처럼 날아가니까.

그리움에도 당연히 뼈가 있어요.

그리움은 미련한 곰처럼 사람을 지탱하니까.

12

타임머신

여행지에서의 밤은 빨리 옵니다. 빨리 오고도 늦게 갑니다.

일기도 써보고 책도 뒤적거려보고 음악도 듣고 손톱, 발톱도 깎고 그러고도 밤이 많이 남습니다. 그 남은 밤에 내가 가장 많이 한 일은 아직 완성하지 못한 단편 시나리오를 다듬는 일이었습니다. 수백 번 다듬어도 수정한 티가 나지 않지만 평생 다듬고만 있어도 좋을, 그 시나리오의 내용은 이렇습니다.

전파상 김씨는 하느님을 사기쳐서라도 반드시 타임머신을 만들고 싶었습니다. 그래서 십 년째 줄기차게 타임머신을 만들고 있었습니다. 어느 날, 친하게 지내던 옆집 세탁소 박씨가 물었습니다. 타임머신을 만들어서 뭐 할거냐고… 김씨는 망설임 없이 대답했습니다. 타임머신을 만들어서 오래 전 사랑하던 여인을 만나러 가고 싶다고…

시간이 흘러서, 드디어 타임머신이 완성되었습니다.

그날 저녁, 김씨와 박씨는 작별의 소주를 한잔씩 나눠 마셨습니다.

그리고 다음 날, 결과가 궁금했던 박씨가 김씨의 가게 안을 빼꼼히 들여다보니… 김씨가 고개를 숙인 채 앉아있었습니다. 그 옆에는 김씨의 아내가 저주를 퍼붓듯 김씨에게 악다구니를 하고 있었습니다.

"정신 나갔어? 돈도 안 되는 거 만든다고 전 재산 다 날리고, 제발 나가 죽어, 이 화상아!!"

김씨 아내가 온갖 욕설을 퍼붓다가 가게 밖으로 나갔습니다. 박씨가 조심스럽게 문을 열고 들어가서 김씨에게 물었습니다. 어찌 된 거냐고, 왜 사랑하던 여인을 만나러 가지 않았느냐고… 김씨는 마른 웃음을 지으며 이렇게 대답했습니다.

"사실은…… 방금 나간 내 아내가 타임머신을 타고 가서 만나고 싶은 바로, 그 여자라네."

돌아가서 다시 만나고 싶습니다. 통속적으로 물방울 무늬 원피스를 입은 그녀가 아니라, 그때의 그녀 마음을 만나고 싶습니다. 그 마음에 반했던 내 마음을 만나고 싶습니다.
시간을 거슬러 가서라도 만나고 싶은 것, 그건 그때의 마음입니다.

Museo
etnográfico

13

내 스타일

산티아고 길을 걸으려고 등산화를 샀습니다.

마음에 쏙 드는 등산화였습니다.

며칠을 신고 걸어보니 약간 헐렁합니다.

걷는 발걸음이 조금씩 불편해집니다.

발이 아프다가 발이 무거워집니다.

길은 아직 한참이나 남아서 고민이 됩니다.

함께 걷는 친구들이 새 등산화를 사는 게 좋겠다고 말합니다.

갈 길이 먼데 잘 맞지 않는 등산화를 신으면 고생이라고 말합니다.

한 발 한 발 더 힘들어져서 어쩌면 중간에 여행을 멈추게 될지도 모른다고 말합니다.

하지만 나는 등산화를 그냥 신기로 합니다.

발이 아파도 이 길 끝까지 함께 하기로 합니다.

언젠가는 내 발이 등산화를 온전히 품을지도 모릅니다.

딱 맞지는 않아도 끝까지 걸을 수 있을 것 같습니다.

이 등산화는 첫 눈에 들어 왔던 등산화입니다.

물론 마음에 드는 등산화를 다시 구할 수도 있겠지만

나는 이 등산화와 끝까지 함께 걷고 싶습니다.

사람들이 미련하다고 고개를 저어도 나는 같이 가고 싶습니다.

이건 그냥, 나의 스타일 입니다.

이건 그냥, 내가 무언가를 좋아하고 사랑하는 스타일입니다.

나도 가끔은 이해 못하는, 참 어이없는 나의 스타일입니다.

nice du
Camin
SAN

DE
IAGO

14

잘 알지도 못하면서

그러면서 사랑을 시작했었지.
잘 알지도 못하면서.

그러면서 여행을 시작했었지.
잘 알지도 못하면서.

지나온 길이 모두
잘 알지도 못하면서 걸어 온 길.
그래서 걸어 올 수 있었던 길.

몰라서 더 가슴 뛰었던 길.

내 몸 말고 당신 마음,

어디에 없는지

담기어 온다

1,500원짜리 방에 자박자박 빛이 담기어 오는 시간이다.

보이지 않는 곳에서 차곡차곡 기다려 온 시간이다.

노크도 없이 헛기침도 없이 불쑥,

어제 바나나를 훔쳐 달아난 원숭이처럼 불쑥,

먼저 발을 들여 놓고 훅훅 숨을 내쉬며 헐크처럼 몸집을 불리는 시
간이다.

악몽이 눌려가다 밀려가다 잠시 지는 척 하는 시간이다.

빛이 양 손을 머리 위로 들어 하트를 만들며 '사랑해요'라고 외치는
시간이다.

세상에 내 맘 받아줄 방 하나 갖지 못한 가난한 시간이다.

네가 또 내 가슴에 문신으로 돋아나는 시간이다.

종아리 살이 오르는 그리움으로 내가 하루를 버티기 시작하는 시간
이다.

너무 많았습니다

너무 많았습니다

아직 타지 못한 기차가 너무 많았습니다.
아직 도착하지 못한 정류장이 너무 많았으며
아직 돌아가지 못한 마음이 너무 많았습니다.

통통 부은 눈으로 입국장에서 나올 때,
색이 색을 바꾸는 오후 다섯 시의 낯선 거리에서 헛헛한 가슴을 두
팔로 껴안을 때,
고장난 버스가 잠시 멈춰선 창 밖으로 느낌표처럼 그녀를 닮은 나
무가 서 있었을 때,
어쩌면 생각보다 더 오랜 시간,
운동화 끈을 매고 풀고를 반복해야 될 거라는 예감에 벌써 지치기
도 했습니다.

해는 오늘도 어김없이 차가워졌지만,
아직 소리가 되지 못한 울음이 너무 많았습니다.

17

all is well

나흘을 기차로 버스로, 버스로 기차로

손톱에 때를 낀 채

무소식처럼 그 골목에 들어섰을 때,

프라이팬에 밀가루 반죽을 붓고

누군가의 하얀 얼굴 같은 부침개를

부치고 있던 친구, 쟈닙은

저번보다 얼굴이 많이 빠졌다며

스페셜한 부침개나 먹고 가라는데,

우선은 숙소부터 알아봐야겠다는 나를 붙잡고

웬일인지,

'all is well' 'all is well'

얼마 전 빅 히트를 친 영화의 대사를 들려준다.

손으로 자기 심장께를 토닥이며

'다 잘 될 거야' '다 잘 될 거야'

펄럭이던 원망들의 때 낀 손을 거두고

잠시 따라 가슴을 토닥이던,

하얀 얼굴 같은 부침개를 목 메이게 먹던,

그 골목 좁은 식당 안에서.

여행을 떠나야 할 때 II

당신 삶에서는
아직 그 사람이 주연배우인데

그 사람 삶에서
갑자기 당신이 조연이 되었다면

조연이면 그나마 다행인데
자꾸 악역이 될 것 같다면

서둘러 여행을 떠나야 한다.

행인1이나 행인3이 될 때까지는
당신만의 여행을 해야 한다.

MUDRA
KATHAKALI CENTRE

당신의 순정은 후後졌다

쉼 없는 입맞춤의 그늘 아래에서도
사랑은 부지런히 옷을 갈아입고 있었으니
당신의 순정은 생각보다 훨씬 후後졌다.

당신의 순정, 코 앞에서는
끊임없이 파도가 밀려와 부서지고
나뭇잎이 색을 바꾸어 떨어지고
아이들은 걷다가 뛰었으며
달걀은 닭이 되거나 프라이가 되었다.

착한 당신은 착한 당신에게만 빠져서
변하는 것의 펄럭임을 눈치채지 못했다.
곰곰이 생각해 보라,
얼마나 당신 순정이 후後졌는지를.
당신의 순정은 늘 나중에 울며 고개를 든다.
늘 지나고 나서야 부랴부랴 시작된다.

미안하지만,
당신의 순정은 생각보다 휘얼씬 후後졌다.

20

마음 자리

그와 나는, 함께 나이를 먹어가는 사이입니다. 7년 전 인도에서 처음 만난 그는, 나보다 여덟 살이나 어리면서 여덟 살은 더 나이 들어 보입니다.

오늘은 그 친구 때문에 오랜만에 욕을 퍼부었습니다. 목청이 터지도록 실컷 욕을 쏟았습니다. 하마터면 이단옆차기를 할 뻔 했습니다.

언제나처럼 일부러 갈 곳을 만들어 그가 운전하는 사이클 릭샤에 올라탄 길이었습니다. 꽃 시장을 구경하고 싶다고 방향을 그쪽으로 잡았습니다.

어제, 친구는 결혼할 애인은 어떻게 지내냐고 물었습니다. 나는 딴청을 피우며 대답하지 않았습니다. 친구도 무언가 잘못된 걸 눈치챘는지 더는 묻지 않았습니다.

얼마 지나지 않아서 우리는 교통이 복잡한 사거리에 들어섰습니다. 그때, 고급 승용차 한 대가 뒤에서 달려오더니 무리하게 그의 릭샤 앞으로 추월을 했습니다. 그 바람에 승용차와 릭샤가 종이 한 장 차이로 마주서게 됐습니다. 놀란 숨을 돌리고 있는데 운전석에서 튀어나온 운전자가 다짜고짜 친구에게 주먹을 날렸습니다. 다행히 친구가 고개를 뒤로 젖혀서 주먹이 닿지는 않았습니다. 그 모습에 더 화가 났는지 운전자가 이번에는 친구의 멱살을 움켜잡았습니다.

나는 갑작스런 상황에 어리둥절했습니다. 누가 봐도 잘못은 운전자 쪽에 있는데, 멱살을 잡은 사람은 운전자였고 멱살을 잡힌 친구는 고분고분 욕설을 들으며 죽을 죄를 진 사람처럼 고개를 숙이고 서 있었습니다. 가난이 죄가 되는 순간이었습니다.

그 광경을 보고 있자니 가슴이 터질 듯 방망이질을 해댔습니다.

나는 릭샤에서 뛰어내리면서 친구의 멱살을 잡고 있는 운전자의 손을 세게 내리쳤습니다. 그리고는 운전자의 멱살을 거칠게 잡았습니다. 정말이지 운전자를 저 우주 밖으로 내다 꽂고 싶었습니다.

순식간에 많은 사람들이 모여들었습니다. 사람들이 모여들수록 나는 더욱 거칠게 운전자의 멱살을 흔들면서 욕을 퍼부었습니다. 운전자는 갑작스런 상황에 혼이 나갔는지 도망갈 구멍을 찾아 허둥대기 시작했습니다. 그때, 친구가 오히려 내 팔을 운전자에게서 떼어내려고 했습니다. 나는 그 모습에 더 화가 나서 거칠게 운전자의 멱살을 흔들었습니다.

그는 인도에서 내가 사귄 제일 친한 친구입니다.

바라나시에서 키가 가장 작은 릭샤 왈라여서 까치발로 자전거 페달을 밟아야 합니다. 아들이 셋, 딸이 한 명 있고 예쁜 부인도 있습니다. 바라나시에서 두 시간 거리에 집이 있는데 한 달에 한 번쯤이나 집에 다녀올 수 있습니다. 하루 열심히 벌어야 고작 100루피2,600원 정도를 법니다.

태어날 때부터 가난을 흉터로 새기고 태어난 것처럼 7년 전이나 지금이나 그의 형편은 전혀 나아지지도 않았고 앞으로도 나아질 가망이 전혀 없습니다. 하지만 그는 가족을 위해 성실하게 일을 하고 저축을 하는 멋진 남자입니다.

가끔, 시무룩한 표정을 하고 있는 그를 발견하고 "무슨 걱정 있어?"

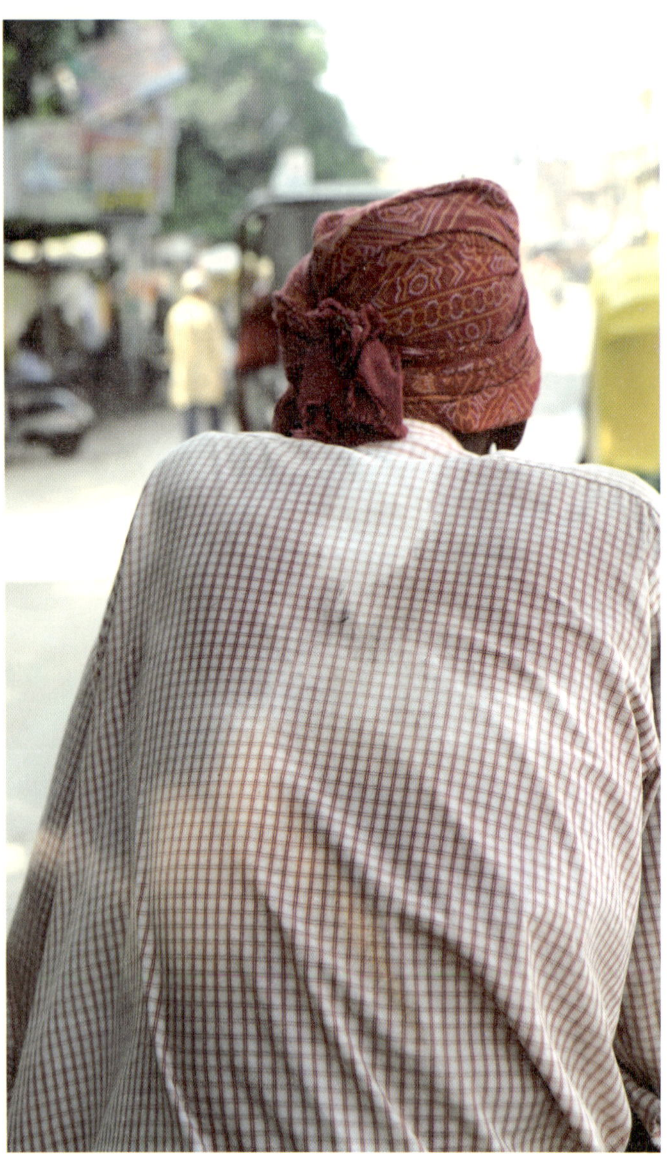

라고 물어보면, "아니, 전혀"라고 대답하며 밝게 웃는 친구입니다.
바쁜 짬을 내서 내게 힌디어를 가르쳐주고 싸고 맛있는 음식점에
데려가 주고 인도를 소개하는 책자 어느 구석에서도 발견할 수 없
는 진짜 인도 얘기를 들려주고 일정이 다 돼서 그 도시를 떠나는 날
이 되면, 한 시간이고 두 시간이고 숙소 앞에서 나를 기다려주는 정
많은 친구입니다.
그런 그가 잘못도 없이 왜 매번 당하고 살아야만 하는지 나는 피가
거꾸로 솟았습니다.

빵빵거리는 소리에 정신을 차리고 보니 나는 울고 있었습니다. 울면
서 승용차 운전자의 멱살을 미친듯이 흔들어대고 있었습니다. 어디
선가 달려온 경찰이 뜯어말렸습니다. 두 명이 나서서 릭샤 위에 나
를 앉히고 친구의 등을 떠미는 바람에 우리는 다시 릭샤를 타고 출
발했습니다.
우리는 한참을 말없이 달렸습니다.
나는 빰에 흐른 눈물을 닦지도 않고 앞만 보며 앉아 있었습니다. 흐
린 눈으로 친구의 종잇장 같은 등이 보였습니다. 어깻죽지가 닿은
부분이 땀으로 얼룩져 있었는데 마치 그 문양이 천사의 날개처럼
보였습니다. 나는 그를 불렀습니다.

"씨아람… 잠깐만 멈춰…"

내가 부르는 소리를 들었으면서도 그는 릭샤를 멈추지 않았습니다.

"씨아람, 여기 멈추라고!"

몇 번을 계속해서 불렀지만 그는 묵묵히 페달을 밟았습니다. 속도가
조금 줄었을 때 나는 릭샤에서 뛰어내렸습니다. 그제서야 씨아람이
릭샤를 멈췄습니다. 그리고는 천천히 내 쪽으로 고개를 돌렸습니다.
아… 친구의 얼굴이 눈물로 범벅이 되어 있었습니다. 언제부터 울음
을 참았던 건지 끅끅 소리를 내며 어깨를 들썩였습니다. 나도 그때
까지 억누르고 있던 몇 개의 슬픔들이 차 올라서 아이처럼 울음을
터뜨렸습니다. 친구도 울고 나도 울었습니다. 사방에서 길이 막힌다
고 클락션을 울려대는 큰 길 위에서 우리는 마주보고 서럽게 울었
습니다.

가끔 꿈을 가져 봅니다.
그와 같은 마을에서 함께 나이들며 함께 저녁을 먹을 수 있기를…
가끔 내가 그의 아이들에게 용돈을 주고 그의 아이들이 마음 예쁜
사람을 만나서 결혼하는 걸 내가 보게 되기를… 그를 향한 내 진심
이 지금처럼 오래도록 지켜지기를… 바래봅니다.
누군가 내게 왜 그리 자주 여행을 가느냐고 물어볼 때마다, 나는 항
상 사람이 먼저 떠오릅니다.
내 마음 가난한 여행길에서 넉넉한 자신의 마음 자리를 내어주고

차갑게 얼어붙은 내 마음 자리를 따뜻하게 덥혀주었던 친구들이 그
립기 때문입니다.

21

과녁

여행길에 나서면,

나는 과녁이 됩니다.

운 좋게 빗나갔거나 얌체같이 피했던 화살들이

날아와 박힙니다.

당신에게 지키지 못한 약속이 한 방!

나에게 지키지 못한 약속이 한 방!

여행길에 나서면,

누구나 눈에 잘 띄는 크고 선명한 과녁이 됩니다.

벌써 맞아서 아팠어야 할 화살들이

이제서야 날아와 박힙니다.

다하지 못했던 말과 일이 한 방!

하지 말았어야 했던 말과 일이 한 방!

더 이상 꽂힐 자리 없는 과녁 안으로

마지막 화살이 꽂히면

그때는 풀썩, 고꾸라집니다.

'다 지나가는 거'라며 좀 더 치열하지 못했던 그리움이 한 방!!

가시가 박히다

백만 년 만에 가시가 손에 박혔어.
해변에서 감자를 구워먹자는 여행친구들을 따라갔다가
일이라도 거들 양으로 잔가지를 주웠는데 그 때 박혔어.

어릴 적에 너무 자주 가시가 손에 박혀서
이런 식으로 어른이 되면
고슴도치가 되거나 선인장이 될지도 모른다고
불안해 하기도 했었는데
어른이 된 후로, 참 오랜만에 가시가 박혔어.

마냥 반갑고 신기해서
박힌 가시를 빼지도 않고 바라보다가
손가락으로 살살 건드려 따끔거리는 통증을 즐기다가
거기 박힌 채 같이 살아도 나쁘지 않을 것 같은 생각이 들 때쯤
얄밉게 쏘옥 뽑아버렸어.

'나한테 박혔었으니까, 다른 데 또 가서 박히지는 마!'

밀려나가는 파도를 일부러 쫓아가서 그 위에 가시를 놓아주었어.

친절한 환기처럼 가시가 박힌 날,
혹시 박혀서 아직 뽑히지 않은 가시는 없는지
내 몸 말고 당신 마음, 어디에 없는지
그게 마냥 걱정스러워지는 주제넘은 날이었어.

23

뻔한 얘기 Ⅱ

뻔한 얘기지만

달리는 기차 안에서 창 밖을 보면
가까이에 있는 풍경은 찰나처럼 빨리 지나가버리고
멀리 있는 풍경은 그보다 더 오랫동안 창 밖에 남아서 따라옵니다.

뻔한 얘기지만

그리움의 대상도 그럴 겁니다.
이제는 멀리 있어서, 이리도 오래 사라지지 않고
길게 따라오는 것일 겁니다.

더 멀리 있어서,
더 오래 남아 있는 것일 겁니다.

Forgive & Forget

거짓말 하나 안 보태고 정말 영화처럼
2011년 12월 31일 밤 11시 59분에
그 성당에 들어갔었지.
가장 좋은 옷을 차려 입은 신자들 틈에
헐렁한 면바지에 낡은 샌들을 신고
손톱을 씹으며 앉아 있었지.

거짓말 하나 안 보태고 정말 영화처럼
2012년 1월 1일 오전 12시 1분에
신부님이 말씀하셨지.
God give… give… and forgive.
Human being get… get… and forget.
주고 주고 또 용서하고.
받고 받고 또 잊어버리고.

사랑도 그러했음을…

주고 주어서 상처받아도 용서하는 사랑과

받고 받았지만 쉽게 잊어버리는 사랑이 있음을…

거짓말 하나 안 보태고 정말 영화처럼.

MIRIAM
+
JOSE
LiFe iS...
...Too $HoRT

JOSENT
MIEDO
JOSE
y
JUANI

25

마음의 거리

하루하루가 흘러갈수록

그 사람과 멀어지는 것 같아 겁이 난 적 있어요?

하루하루가 빨리 흘러서

그 사람과 멀어져야만 살 것 같은 적 있어요?

사람 사이, 마음의 거리가 그런 건가 봐요.

멀어지면 죽을 것 같다가

멀어져야만 살 것 같은.

사람 사이 마음의 거리가 생사의 거리인가 봐요.

Galerie
Le Temps des Cerises
Re

26

사랑이라는 것

아이가 어쩌다가 손가락을 찧었다.

옆에 앉은 아줌마의 큰 가방에 눌린 것이었다.

찻집 주인이 뛰어와서 아이의 손가락을 주무르고

아줌마는 눈물을 찔끔거리는 아이의 등을 토닥여주었다.

아이는 금세 달아오른 손가락을 움켜쥐고 끄윽끄윽 신음소리를 냈다.

잠깐 담배를 사러 갔다가 뒤늦게 돌아온 아이의 아버지는

우는 아이를 보고 멈춰, 홍당무가 되었다.

아줌마의 사과에 괜찮다며 웃는 아버지의 눈가에는

촘촘히 눈물이 돋아나고 있었다.

아이의 아픔을 아버지가 온전히 흘리는 것이었다.

사랑이라는 것,

어디서 오는지… 어디서 솟는지…

도대체 사랑이라는 것.

5) 9719807140
प्रताप सिंह निचपुरी
DOLLER

가슴에 묻는다는 건

당신은 가슴에 무언가를 묻고 있는 사람을 본 적이 있나요?

남인도를 함께 여행하던 친구가 있었습니다. 글을 쓰는 친구였는데, 아니 글을 너무 쓰고 싶어하던 친구였는데 중국을 지나 티벳을 거쳐 네팔을 넘어 인도에 도착한 오래된 여행자였습니다. 어쩌다 그리 멀고 험한 여정에 나섰는지 물어보지는 않았지만 으레 짐작하고도 남습니다. 그 먼 길을 걸어 온 이유가 그리 많은 건 아니니까요.

어느 날, 그 친구와 함께 해변에 나갔습니다. 오토바이를 운전하지 못하는 친구는 자주 내 오토바이 뒷자리 신세를 졌었죠. 나는 따듯한 물속에 들어갔고 친구는 뜨거운 모래 위에 남았습니다.

물결 위에는 빛 비늘들이 떨어져 툼벙거렸고, 나는 누군가의 가려운 등을 긁어주듯 물결을 손으로 긁어주며 시간을 보냈습니다. 한참을 놀다가 친구가 있는 해변 쪽을 바라보니, 친구는 모래사장에 쪼그리고 앉아서 땅바닥을 파고 있었습니다. 바닷게라도 발견했는가 싶어, 물결만 놔두고 모래밭으로 나왔습니다.

가까이 다가가보니 바닥을 파고 있는 친구 옆에는 항아리 하나와

노트 몇 권이 놓여 있었습니다.

친구는 고개를 돌려 나를 발견하고 나서도 다시 바닥을 파는 일에 열중했습니다. 잠깐, 친구의 눈에서 반짝이는 무언가를 본 것도 같습니다.

생각한 만큼 바닥을 다 팠는지 친구는 손바닥을 탈탈 털고는 옆에 놓여 있던 항아리를 옮겨 구덩이 안에 조심스럽게 집어넣었습니다. 이어서 노트를 한 권씩 들어 천천히 넘겨보고는 항아리 안에 차곡차곡 담았습니다. 그리고는 항아리 주둥이에 마개를 꼭 눌러 막고 헤쳐 놓았던 모래를 그 위에 오래도록 덮었습니다.

나는 그때까지도 한 마디 말도 건네지 않고 가만히 그 모습을 지켜보고만 있었습니다. 마침내 그가 모든 작업을 끝냈는지 긴 한숨을 한번 뱉어내고는 항아리가 묻힌 모래 위에 털썩 주저앉았습니다. 나도 철퍼덕, 그 옆에 앉았습니다.

파도가 찰랑찰랑 가슴팍을 적셔 충분히 나는 무거워져 있었지만 최대한 별일 아닌 듯한 목소리로 말을 걸었습니다.

"뭘… 묻은 거예요?"
"… 몇 년 간 써온… 글들이요."

짐작한 일이었지만, 그의 대답에 파도가 와그작 덮쳐버린 것처럼 나는 숨이 막혔습니다. 이럴 때는 뭔가 멋진 위로의 말을 해줘야 하는데… 나는 또 주책없는 말만 해버렸습니다.

"그래요? 그럼… 이제 다시 글은 안 쓰는 건가요?"

그는 주머니에서 포켓사이즈의 럼주 병을 꺼내 내게 건넸습니다. 한 모금을 입에 털어 넣고 다시 그에게 병을 돌려줬습니다. 그가 꿀꺽 한 병을 다 입에 부어 넣고는 끝없이 몸을 불리고 있는 바다를 눈 안에 조금씩 담기 시작했습니다. 그의 눈 밖으로 바다가 조금 넘칠 때까지 나는 숨을 죽이고 앉아 있었습니다. 그때, 슬쩍 넘쳐 나온 파도를 훔치며 그가 말했습니다.

"아니요, 지금까지 써 온 걸 다 묻었으니… 이제부터 새롭게 다시 써야죠."

그 말에 나는, 나도 모르게 그를 꽉 껴안았습니다.

"아… 그렇군요… 그래야지요. 잘했어요. 정말 잘했어요!!"

'사실은 나도 무언가를 가슴에 묻었거든요…'
오물오물 맴도는 그 말을 입에 물고, 이제부터 다시 써야 된다는 친구의 말에 괜히 내 심장이 쿵쾅거렸습니다.
그와 나는 달달하게 붉어지는 얼굴로 나란히 앉아서 울렁울렁 오고 가는 파도의 물결을 오래도록 바라봤습니다.

28

물음

물음이 없는 여행은,

걸그룹 사진 없는 병사의 텅 빈 전투모 속 같은 게다.

물음이 없는 연애는,

검색창 없는 포털 사이트 메인 페이지 같은 게다.

그 항아리에 뭐가 들었나요?

그 과일 이름이 뭐죠?

저 고깃배는 어떤 고기를 잡아오나요?

무슨 색을 좋아해?

밖이 추운데 옷은 따뜻하게 입고 나간 거야?

오늘 영화는 어땠어?

물음이 줄어들면 여행이 끝나가는 중일 게다.

물음이 줄어들면 연애가 끝나가는 중일 게다.

사람 참 치사합니다

이 길을 내가 왜 걷고 있을까요?

보름 넘게 산티아고 길을 걷다가 문득 궁금해집니다.

800km가 넘는 힘든 이 길을 걸어야 하는 이유가 궁금합니다.

이 길을 걷기 전 나는 이별을 했습니다.

긴 연애가 끝났고, 그 아픔에 숨이 막혀 견딜 수가 없었습니다.

친구들은 마음을 잘 정리하고 오라고 말했습니다.

잊을 건 잊고 오라고 말했습니다.

모두 맞는 말이지만 나는 다시 궁금해집니다.

이 길을 다 걸으면, 과연 잊을 건 잊게 되고 마음도 정리가 될지.

이 길을 걷는 이유가 이기적이라는 생각도 듭니다.

살기 위해서,

누군가와의 추억을 지우고 아픔을 삼킨 후에

다시 잘 살기 위해서…

그렇게 생각하면 사람 참 치사합니다.

그토록 사랑했으면서도 그 사람 떠났다 해서

이를 악물고 800km를 걸으며 잊으려 하는 걸 보면 말입니다.

잊어야 사는 걸 보면 사람 참 치사합니다.

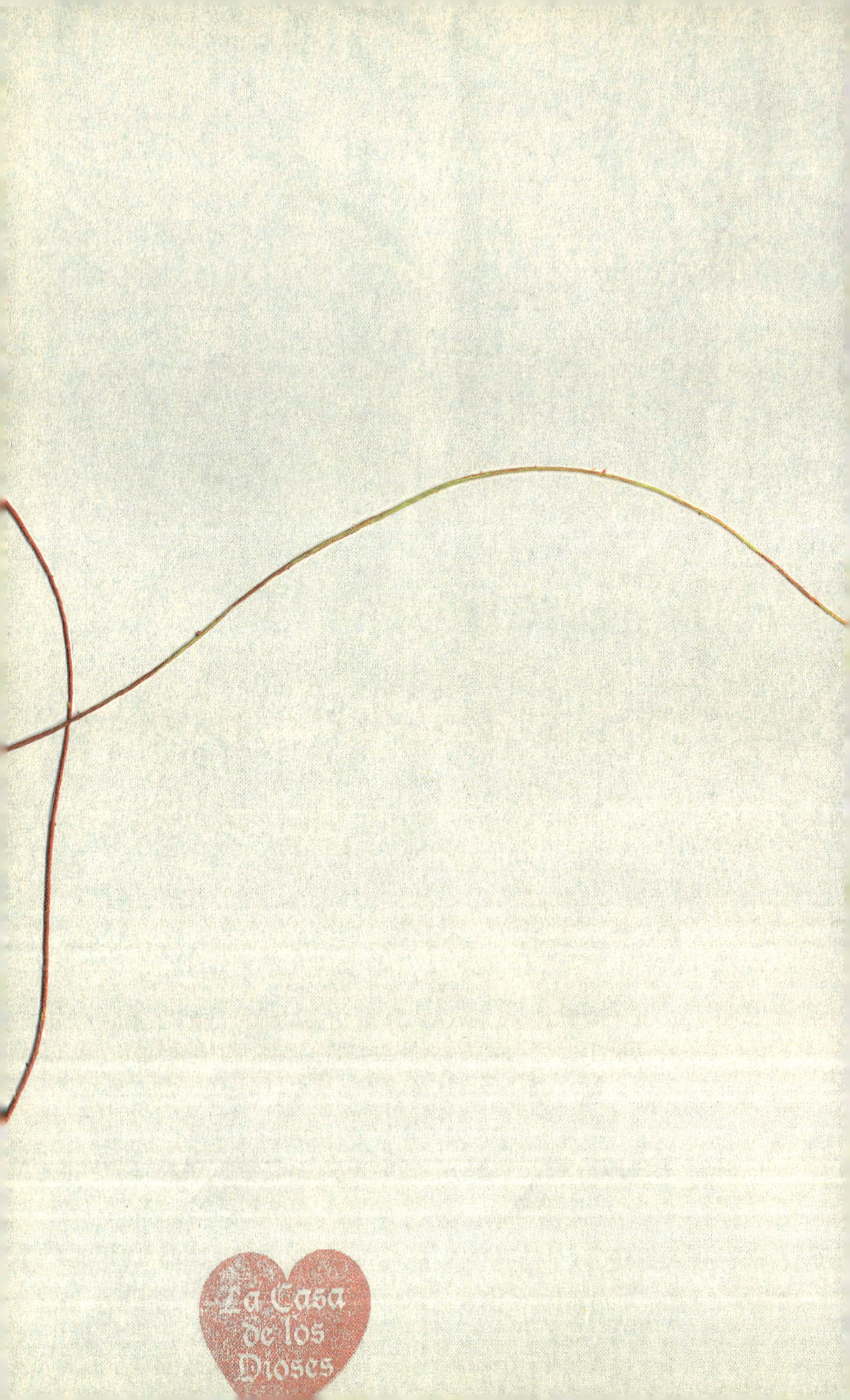
La Casa
de los
Dioses

내 맘에 닿았던 게

무엇이었을까요?

당신의 태도

내가 그때 그렇게 말했던가?

'사건은 늘 일어나기 마련이야. 중요한 건 사건이 일어났을 때 반응하는 당신의 태도지.'

그리고 또 내가 말했던가?

'여행은 두 개가 하나로 포개어지는 큰 사건이야. 당신의 우뇌와 좌뇌가, 당신의 욕망과 망설임이, 당신의 과거와 미래가, 당신의 우연과 운명이, 당신의 미련과 그리움이…'

하여, 갑자기 오기가미 나오코의 '카모메 식당'에서 수화물이 나오기를 기다리는 모타이 마사코가 되어 텅 빈 컨베이어벨트 위에 좀처럼 나타나지 않는 황금버섯 같은 스무 살의 비린 사랑을 기다리고 있었다고 말했던가?

아니면, 아키 카우리스마키의 '레닌그라드 카우보이 미국에 가다'에 등장하는 인물들의 뾰족한 신발 끝처럼 날카로워 더 쓸쓸했던, 한 때의 실연에 찔려 죽을 뻔했다고 말했던가?

들은 적 없다면, 다시 말해주지.

'사건은 늘 일어나기 마련이야. 중요한 건 사건이 일어났을 때 반응하는 당신의 태도라구.'

'Very practical, simple advice...and how best to
utilise this for the benefit of oneself and others'
Yoga & Health
ALSO AVAILABLE:
Advice On Dying
And Living a Better Life
His Holiness the
Dalai Lama

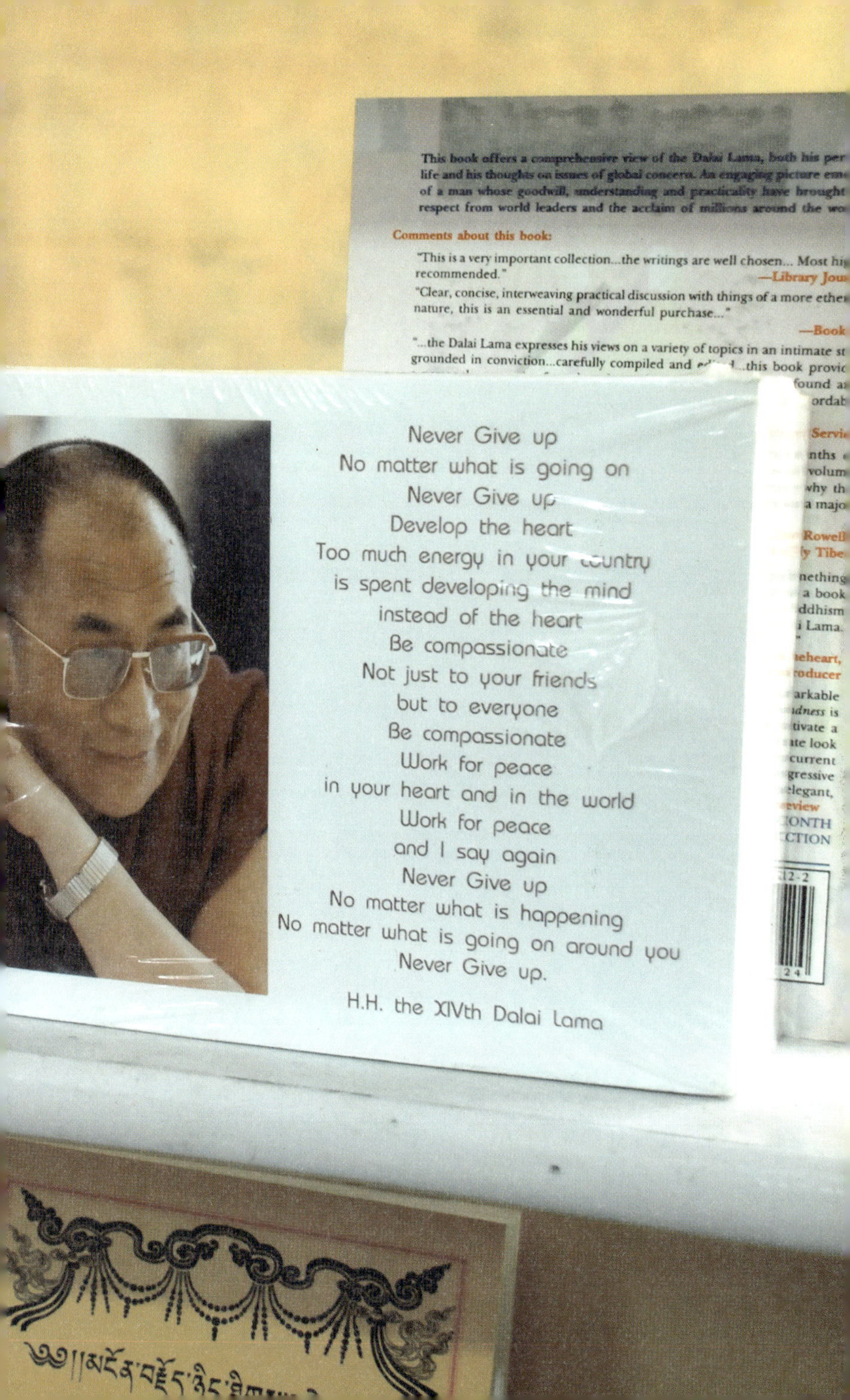

Never Give up
No matter what is going on
Never Give up
Develop the heart
Too much energy in your country
is spent developing the mind
instead of the heart
Be compassionate
Not just to your friends
but to everyone
Be compassionate
Work for peace
in your heart and in the world
Work for peace
and I say again
Never Give up
No matter what is happening
No matter what is going on around you
Never Give up.

H.H. the XIVth Dalai Lama

친구 덕환 씨가 사진을 찍는 법

친구 덕환 씨가 사진을 찍는 법

덕환 씨는 정말 고집불통이었어. 내가 선생님이라고 불렀더니 손사래를 치셔서 '그러면, 형님으로 부르겠다'고 하자, 격이 생겨서 안 된다며 그가 제시한 호칭이 덕환 씨였어. 그래도 그렇지, 예순이 넘으신 분에게 어떻게 덕환 씨라고 부른단 말이야? 덕환 씨의 고집도 고집이었지만 덕환 씨가 최후통첩으로 '너랑 같이 안 다녀'라고 하는 바람에 나는 어쩔 수 없이 덕환 씨의 의견을 받아들이기로 했던 거야.

어쩌다 한국 식당에 들러서 밥을 먹다가 내가 덕환 씨라고 부르는 소리를 옆에 있던 한국 여행자들이 듣게 될라치면, '뭐, 저런 싸가지가 있냐'는 표정으로 흘겨보는 통에 조금 불편하기는 했지만, 그래도 나는 덕환 씨랑 다니는 게 좋았어.

올해 62세가 된 덕환 씨는 30년 넘게 직장생활을 하다가 얼마 전 은퇴한 초로의 아저씨였어. 작은 딸이 사준 앙증맞은 디지털 카메라 하나를 달랑 들고 인도에 온 초보 여행자. 네팔에서 내려오는 버스를 함께 탔던 덕환 씨와 나는 바라나시로 들어와서 함께 방을 쓰면서 여행친구가 되었던 거야.

처음 만난 날부터 덕환 씨는 내게 사진 찍는 법을 가르쳐 달라고 아이처럼 졸라댔어. 내 목에 걸린 무지막지하게 큰 카메라를 보고서 뭔가 배울 게 있다고 생각했던 모양이야. 나는, 이제 막 카메라를 들고 여행길에 나선 들뜬 초보여행자를 내칠 수가 없어서 그날 저녁부터 강의 아닌 강의를 시작했어. '사진의 기본적인 구도에는 이런 게 있고 조리개가 이럴 때 셔터는 이러해야 하며 풍경사진의 포인트는 이거고 인물사진에서 신경 써야 될 점은 이거다. 그리고 사진을 찍기 전에는 반드시 의도를 갖고 찍어야 된다.' 덕환 씨는 내가 하는 말에 열심히 고개를 끄덕이면서 메모까지 하는 열정을 보여줬어.

다음 날, 덕환 씨는 새벽 일찍 카메라를 들고 나가서 저녁 때가 다 돼서 돌아왔어. 서둘러 샤워를 하고는 '참 잘했어요' 도장을 찍어달라는 듯 자신이 찍어온 사진을 봐달라고 내 팔을 잡아 끌었어. 덕환 씨가 찍어 온 사진들은 그토록 신명나게 설명한 보람도 없이 촬영 의도도 없고 구도도 엉망이고 흔들린 사진이 대부분이었어.

"아니, 덕환 씨! 찍기 전에 약간은 생각을 하고 찍으셔야 돼요. 사진이 막 찍는다고 되는 게 아니거든요."

덕환 씨는 내 핀잔에도 불구하고 너털웃음을 지으면서 이렇게 말했어.

"내가 봐도 사진이 좀 엉망이긴 해. 하지만 이것저것 생각하면서 찍을 겨를이 없더라구. 머뭇거리다가 그 장면을 놓쳐버리면 어떻게 해. 그래서 마음 가는 대로 막 찍었지 뭐. 허허허."

그 다음날도 저녁 늦게 돌아온 덕환 씨는 사진을 봐달라며 나를 또 잡아 앉혔어. 전날과 다를 바 없는 사진이었어. 의도 전무, 구도 엉망, 화면 흔들. 한 가지 눈에 띄는 게 있다면 엄청난 분량의 사진을 찍어왔다는 거였어.

"음… 덕환 씨, 다시 말씀 드리지만, 뭔가 좋은 장면을 찍으려면 조금은 기다리셔야 돼요. 결. 정. 적. 인. 순간을 포착하셔야 된다구요."

이번에도 덕환 씨는 너털웃음을 지으며 말했어.

"난 멋진 사진을 찍기 위해 기다릴 시간이 없더라구. 눈에 보이는 대로 정신없이 찍게 돼. 생각해 봐, 이번 여행을 오는 데만 무려 30년이 넘게 걸렸다구. 그런데 어떻게 기다릴 수가 있겠어. 기다리다가 그 장면들을 영영 놓쳐버리면 어떻게 해."

그 말을 듣고, 나는 아차 싶었어. 좋은 사진을 찍기 위해서 준비하고 기다리는 것이 당연한 일이겠지만, 그 장면을 놓쳐버리면 정말 아무 소용이 없는 게 아니겠어?
어쩌면 덕환 씨는 너무 오래 미뤄두고 기다리다가 놓쳐버린 것들이 많았는지도 몰라. 그래서 눈에 보이는 대로, 마음이 가는 대로 놓치지 않기 위해 카메라에 정신없이 담게 됐던 거야.
'나는 또 폼만 재다가 놓쳐버린 것들이 얼마나 많았을까?'
'놓쳐버린 사람도 있었을 테지.'
'존재하지도 않을 결정적인 순간을 위해 머뭇거리다가 놓쳐버린 사랑이 분명 있었을 테지.'
요즘도 가끔 덕환 씨가 내게 문자를 보내곤 해. 어느 날에는 중국에서, 어떤 때는 이집트에서…

ROTARY CLUB

32

여행을 떠나야 할 때 Ⅲ

길가에 세워진 자전거도 우울할 때가 있을 거라는 생각…
그래서 슬쩍 페달을 밟아주고 싶었다면,

아이들이 빠져나간 텅 빈 놀이터의 미끄럼틀도 우울할 때가 있을
거라는 생각…
그래서 늦은 밤 혼자 미끄럼틀을 탔다면,

요즘 들어 만나기 힘든 빨간 우체통도 우울할 때가 있을 거라는 생
각…
그래서 자신에게 엽서를 써서 우체통에 넣은 적 있다면,

당신은 만나러 가야 해.
그 모든 것들의 마음 속에 비친, 당신 마음을 만나러 가야 해.

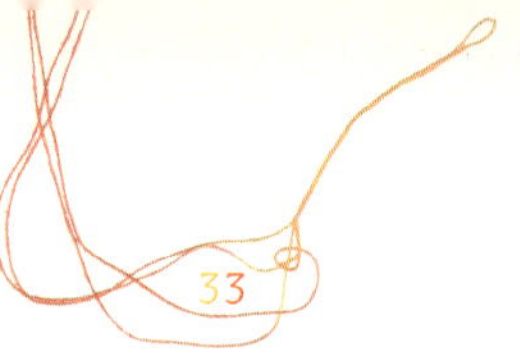

침

톡, 톡

그가 자는 나를 깨운다.

이 늦은 밤의 방문 치고는 너무나 당당해서

힘들게 온 줄 알면서도 살짝 짜증이 난다.

알았어요, 잠시만…

왜 그는 늘 편편한 경계에서만 찾아오는 걸까?

그를 맞기 위해 나는 지워지려는 빛을 불러 세운다.

톡, 톡 톡, 톡

알았어요, 곧 나간다니까요.

그렇게 시끄럽게 두드리면

이웃들에게 눈치가 보인다구요.

나는 베개를 거둬 잠의 벽장에 넣고 서둘러 나온다.

사각, 사각

가려운 이빨이 사과를 씹는 소리가 나도록

그가 두드리고 떠난 자리를 긁는다.

웨에엥~ 웨에엥~

그가 배를 두드리며 날아가는 소리를 듣고 있자니

내가 배가 고파온다.

나는 또, 어떤 사랑에 침을 꽂아야 하나?

밤의 모기처럼, 본능적으로 살아내기 위해서 말이야.

살짝을 좋아하다

여행이 길어지면,

먹고 싶은 음식이 하루에 열 개씩은 목록에 새로 올라와.

내 경우에는 언제나 두부가 목록의 맨 윗자리를 차지해.

특별히 어떤 양념을 하거나 조리를 한 두부가 아니라,

살짝 데쳐서 먹거나 살짝 간장을 찍어서 먹는 두부를 좋아해.

푹 삶는 것은 어딘지 모질어 보여서 싫거든.

이것저것 양념을 치는 것은 어쩐지 못살게 구는 것 같아서 또 싫어.

그래서 살짝 데치거나 살짝 굽는 두부를 좋아하게 된 것인데,

생각해 보면 '살짝'이라는 말 때문에 두부가 더 좋아진 건지도 몰라.

'살짝' 이라서 오히려 더 깊이 마음을 빼앗는 것들…

살짝 내린 졸음

살짝 언 살얼음

살짝 꼬리를 든 고양이

살짝 달린 낙엽

살짝 부는 바람

살짝 온 감기

살짝 걸린 노을

살짝 올 풀린 스웨터

살짝 덜 마른 머리카락

살짝 보인 그 애의 관심

살짝 꾸려 놓은 배낭

……

닿다

뉴델리에 있는 '하리잔 세박 상'이라는 곳엘 간 적이 있어요. 아는 형님이 간다고 해서 따라간 길이었죠. '하리잔'이라는 말은 마하트마 간디가 인도의 '불가촉천민'을 그리 부르면서 널리 쓰이게 된 표현인데, '신의 자녀들'을 뜻하는 말이라고 해요. '하리잔 세박 상'은 그런 불가촉천민의 아이들을 모아서 교육을 시키는 기숙학교였어요.

아는 형님은 매년 한국 아이들을 데리고 그 곳에 가서 인도 아이들과 함께 '몸과 마음을 서로 부비는' 행사를 진행하고 있었어요. 나는 어딜 가나 몸으로 때우는 일이 주어졌는데 그 날은 식사당번의 임무가 주어졌죠.

처음에는 서먹서먹하게 서로 탐색전을 보이던 아이들이 모기에 물린 자리가 잊혀질 정도의 시간이 지나자, 금세 서로 친해져서 한 덩어리로 와르르 몰려다니기 시작했어요. 식당으로 채소를 옮기다가 마주친 인도 아이들은 내게도 '티쳐!! 티쳐!!'를 외치며 옷깃을 당기기도 했는데 아이들 웃음이 너무 맑아서 저마다 웃음자격증 1급이라도 갖고 있는 것 같았어요. 야채를 볶다가도 그 웃음을 떠올리면

피식, 피식 따라서 웃음이 나올 정도였죠.

점심 식사가 끝난 후에는 아이들이 함께 모여 교실 실내를 꾸미거나 지저분한 복도의 벽에 벽화를 그리는 시간을 가졌어요. 그리고 마지막 시간에는 진짜로 '몸과 마음을 부비'는 페이스 페인팅이 진행되었죠. 나도 식사당번의 임무가 끝나서 이번에는 카메라를 들고 아이들을 찍어주기로 했어요.

한동안 붓만 손에 쥐고 머뭇거리던 아이들이 누군가 와그작 용기를 내서 상대방 얼굴에 물감을 묻히는 순간, 서로의 얼굴이 스케치북이라도 되는 양 사정없이 알록달록하게 물감을 바르면서 이리 뛰고 저리 뛰고 난리가 났죠. 나는 그 모습이 또 너무 예뻐서 카메라를 들어 열심히 셔터를 눌렀어요.

한참 촬영을 하고 있는데, 갑자기 너댓 명의 아이들이 우와와 내게로 달려들었어요. 이번에는 아이들이 내 얼굴을 도화지로 삼았던 거죠. 나는 혹여나 카메라에 물감이 튈까봐 허리 뒤로 카메라를 숨기며 요리조리 아이들의 붓을 피했어요. 두 녀석은 등 뒤에서 퇴로를 차단했고 또 다른 두 녀석은 내 양팔을 붙들고 늘어졌죠. 그 틈을 이용해서 서너 명의 아이들이 까치발을 들고 내 얼굴을 향해 붓을 날렸어요. 나는 필사적으로 붓을 피하려고 버둥거리고 있었는데 마침, 위기를 알아본 인도 선생님이 아이들에게 소리를 쳤고 아이들은 순식간에 사르륵 도망을 갔죠.

자세를 바로 하면서 카메라에 물감이 튀지 않았는지 살펴보고 있는데, 바로 코 앞에서 여자아이 하나가 나를 빤히 올려다보며 서 있었어요. 이제 열 한두 살 되어 보이는 눈이 아주 까만 여자아이였어요. 무언가 말할 듯, 말 듯한 표정. 어찌 보면 울 듯, 말 듯한 표정. 혹은 손을 내밀어 악수를 청할까, 말까 하는 표정. 마치 바람이 오는 쪽으로 풀잎들이 고개를 돌리려고 하는 그 순간의 표정으로 아이는 나를 바라보고 있었어요. 그러더니 어느 순간, 여자아이가 손을 뻗어 내 턱을 쓰윽 한 번 만졌던 거예요!! 나는 깜짝 놀라 뒤로 물러섰어요. '무슨 짓이니?' 하는 표정으로 아이를 쳐다보자, 아이는 방금 거둬간 손을 살짝 내 앞에 내밀었어요. 무화과 속살같이 발그레한 아이의 손가락 위에 파란색 물감이 한 방울 묻어있었어요.

아… 그랬던 거죠.

아이는 아까 북새통에 내 얼굴에 튀었던 물감을 자기 손으로 닦아줬던 거예요. 내가 막 고맙다는 인사를 하려고 하자, 아이는 고양이 발자국 소리 같은 미소를 던지며 사르륵 저쪽으로 뛰어갔어요.

나는 잠깐, 아이가 뛰어간 곳을 멍하니 바라보고 있었는데, 아이의 손이 닿았던 곳에 시원한 바람이 모여들고 있었어요. 생전 처음으로 하얀 눈을 본 남인도 사람처럼, 첫 사랑의 고백을 들은 것처럼, 첫 여행에 나온 것처럼 내 맘의 가운데가 찌릉찌릉 떨리고 있었어요.

내 맘에 닿았던 게 무엇이었을까요?

나는 가슴에 물파스를 두껍게 바른 것처럼 화해져서, 가만히 가슴을 쓰다듬으며 그 자리에 서 있었어요.

처음 당신에게 쪽지를 건네던 날, 내 손에 닿았던 당신 손의 감촉이

화끈화끈 떠올랐어요.

다른 사람의 마음이 내 마음에 닿아서 내 것이 되던 순간, 그 마법 같은 순간이 또 언제든 찾아오겠죠?

36

별 말뚝

코끼리 같은 그리움을 저 멀리 별 말뚝에 묶어 놓겠어요.

고삐를 단단히 묶어 놓지 않으면 언젠가 내가 밟힐지도 모르니까요.

어째서 저 높은 별에 묶어 놓냐구요?

시간은 항상 감정의 뿌리에 망각의 독을 뿌리거든요.

코끼리처럼 몸집이 큰 그리움도 서서히 시들다가 죽어버리죠.

그러니 저 멀리, 저 높이 반짝이는 별에 매어두어야 해요.

시간이 손을 대지 못하게,

마음의 빛이 꺼질 때면 반짝반짝 빛나게.

마지막 멀미약

그때, 나는 참 먹먹해져서 담배를 연달아 두 개비나 피우고 말았다. 버스는 뱀처럼 구불구불한 산길을 다섯 시간 달려왔고 앞으로 다섯 시간을 더 달려야 했다. 동행하던 한국 여행자 중 한 명이 심하게 멀미를 하고 있었다. 나는 혹시나 하는 마음에 일행들에게 멀미 약을 갖고 있는 사람이 없냐고 물었는데, 마침 한 사람이 손을 들었던 것이다.

"아, 다행이네요. 이 분이 멀미가 심해서요. 멀미 약 좀…"

손을 들었던 일행의 얼굴에 아차 싶은 표정이 빠르게 흘렀다.

"그런데, 이게 마지막 남은 약이라서요… 나중에 저도…"

흐리게 말려들어가는 말꼬리에서 나는 금세 의중을 눈치챌 수 있었다.

"아…… 네… 그럼… 어쩔….”

마침, 멀미로 고생하던 친구가 그 상황을 눈치채고는, 이제 좀 괜찮아진 것 같다며 손을 들어보였다. 그 사이에 멀미 약을 가진 일행은 슬그머니 약을 가방에 다시 집어넣었다.

세 번째로 불을 붙인 담배는 지독하게 독했다. 언제 찾아올지도 모르는 자신의 곤란을 예방하기 위해서 타인이 지금 당하고 있는 곤란을 외면하는 일…
그런 일이 내게도 있었으리라.
어쩌면 내 연애도 그런 면이 있었으리라.
마지막에 나도 살아야겠다고 감춰둔 멀미 약 같은 게 있었으리라.

그게 난 참말로 먹먹하다는 거다. 참말로 독하다는 거다. 3루로 안 가고 다시 돌아가 1루를 한 번 더 밟은 기분이었다.

38

beginners

그냥 알아요.

'beginners'

스펠링이 맞나요?

이완 맥그리거, 두말하면 잔소리죠.

그냥 알았어요.

당신이 분명 좋아할 영화라는 걸.

마지막 장면에서 주인공들 대사 생각나요?

"이제 어쩌죠?"

"나도 몰라요."

"앞으로 우린 어떻게 될까요?"

멋지지 않아요?

'시작하는 사람들' 에게 그보다 더 적절한 대화가 어디 있겠어요.

그런데… 끝을 내는 사람들에게도 적당한 대화 같은데요?

아…… 그러고 보니 그렇네요.

'beginners' 말고 다른 영화는 안 가져왔어요?

하나 더 있어요.

이것도 좋아할 것 같은데요.

'먹고 기도하고 사랑하라'

39

발목이 삐고서야

빠른 속도로 산길을 내려오다가 그만,

발목을 삐었습니다.

목적지가 얼마 남지 않아 긴장을 풀었던 탓인가 봅니다.

산길에서는 오를 때보다 내려올 때 더 조심해야 하는데

익숙해진 산행에 방심을 했던 겁니다.

부어 오른 발목을 보면서 스치는 생각이 있습니다.

사랑도 그랬으리란 겁니다.

마음에서 이미 다 도착한 것 같아 사랑을 풀었다가

목적지에 다 와서 그만 발이 삐고만 것입니다.

사랑의 목적지가 꼭 어디라고 말하기는 어렵지만

마지막 그곳까지 한 발 한 발 해찰하지 않고 걸어야 한다는 것을,

발목이 삐고서야 아프게 알았습니다.

부푼다

여자는 아팠다고 한다.

그 때문에 지난 며칠, 나는 아침을 굶었다.

그녀가 튀겨주는 바삭한 파코라를 먹고 싶었으나,

그녀의 노점은 트랜스포터처럼 몸을 접어 쉬고 있었다.

세상에서 내가 가장 좋아하는 양파와

세상에서 내가 가장 좋아하고 싶은 매운 고추를

밀가루와 섞어 그녀가 주무른다.

앓고 난 때문인지 반죽이 잘 섞이지 않는 눈치다.

여자의 목에는 오늘도 빛나는 목걸이가 걸려 있다.

목걸이에는 여전히 그녀의 남편이 매달려 있다.

몇 해 전, 그녀를 두고 남편은 눈을 감았다고 했다.

반죽을 주무르는 그녀의 손을 남편이 지그시 내려다본다.

온도를 가늠할 수 없는 투명한 추억 속으로 반죽이 던져진다.

갑자기,

부푼다… 부푼다… 부푼다…

'많이 사랑했나 봐요?'

도대체가 이런 물음이 무슨 소용이나 있을까.

많고 적음으로, 길고 짧음으로, 깊고 얕음으로

가늠되는 사랑이라는 정체가 있기는 한 걸까?

여자는 질 나쁜 스테인레스 접시에 파코라를 다섯 개 내놓는다.

양파와 고추와 또 내가 모르는 어떤 재료가 여기,

부풀어 있다.

뜨거운 튀김을 한 입 베어물다가 나는 그녀의 남편과 눈이 마주친다.

목걸이 속의 남편은 기분 좋게 어서 먹으라는 눈짓을 보낸다.

나는 기분이 좋아진다.

남편은 노점 맞은편에 늘어 선 채소 좌판으로 눈길을 옮긴다.

오늘은 고추 파는 청년이 장사가 잘 되는군…

그러네요, 벌써 한 광주리를 다 비웠어요…

저기 마노즈씨가 장을 보러 나왔군. 전에 빌려온 톱을 아직 돌려주

지 못했는데…

그 톱은 제가 이미 갖다 드렸어요…

기름이 야채에 두꺼운 옷을 입히는 소리 사이로

부부의 대화를 훔쳐 듣는 이 아침에,

나는 저만치 앞에서 뒤를 돌아보는 사랑을 만난다.

따라 오라는 것인지, 여기까지만이라는 것인지 알 수 없지만

나는 부푼다… 나는 부푼다…

하지만 그 무릎이
사막을 건너게 해요

41

여행을 떠나야 할 때 IV

아침에 눈을 뜨자마자 운 적이 있다면,

사실은 눈을 뜨기 전부터

가슴이 미어져서 눈을 뜨고

방금 베인 상처처럼 눈물이 주르륵

흘러나온 적이 있다면,

흐르는 눈물을 멈출 수 없어서

눈을 질끈 감고

잠의 꼭 다문 침묵을 벌리며

몸을 뒤척인 적이 있다면,

돌아누운 쪽에서도

구멍보다 큰, 구멍보다 큰 구멍에 놀라서

머리를 무릎 안에 파묻은 적이 있다면,

말린 모양 그대로 미라처럼 말라서

부스스 흩어졌으면 한 적이 있다면,

독하게 당신은 떠나야 한다.

42

헛된 꿈이라도 꾸어라

9년 만에 다시 찾아온 인도.

번잡한 도시 뉴델리를 떠나 사막으로 향하는 기차를 탔다. 9년 전……. 그때도 똑같은 기차를 탔었다. 9년 전에 나는 어땠지? 9년 전의 인도는 어땠지? 9년 전의 세상은 또 어땠지?

달리는 기차 바퀴의 리듬에 맞춰서 철커덩철커덩 한 겹씩 추억의 빗장이 열린다.

9년 전, 따지고 보면 아주 오래 전, 나는 뉴델리 공항에 혼자 내려서 어디로 가야 할지 몰라 엉거주춤 망설이고 있었다. 그때, 어디선가 유령처럼 나타나서 공항버스를 타는 곳으로 나를 이끌었던 남자가 있었다. 특별히 계획한 루트가 없었던 나는 그 형을 따라서 무작정 사막으로 가는 기차를 탔던 것이다.

나는 막 현실과의 1라운드에서 의욕적으로 헛손질을 하다가 제풀에 지쳐 링 바닥에 주저앉아 있었다. 그래서 어딘가 남모르게 몸 놓아 울 곳을 찾고 있었고 그렇게 인도에 갔던 길이었다.

"형은 한국에서 뭐 하셨어요?"
"집 지었어."
"건설업에 계셨어요? 어떤…"
"집을 그렸어. 설계."
"우와, 멋진 일이네요."
"너는 뭐 했는데?"
"영화요… 아니, 영화 비슷한 거요."

처음 타보는 인도의 기차는 상상했던 것보다 훨씬 불편하고 힘들
었다.

"왜 하필 인도로 여행을 왔어?"
"그냥… 남들이 많이 안 가니까요."

도대체가 24시간이 넘도록 기차를 타고 가야 한다니, 이건 사람이
할 노릇이 아니었다.

"이렇게 오래 여행하시고 한국에 돌아가도 다시 같은 일을 하실 수
있으세요?"
"몰라, 할지 안 할지. 너는 돌아가면 다시 영화 일을 할 거니?"
"아니요."
"그럼, 뭐 할 건데?"
"아직 몰라요, 하여튼 영화는 안 할 거예요."

지나가는 짜이 왈라*에게 형이 짜이를 두 잔 시켰다.

"영화를 만드는 게 니 꿈이었니?"
"꿈이요? 그랬던 것 같기도 한데… 지금은 그게 꿈이었는지도 모르
겠어요. 꿈 같은 것도 이제는 없구요. 형은 어떤 꿈이 있었는데요?"
"나? 사랑을 받기보다는 사랑을 주는 사람이 되는 거."

"네? 그런 꿈도 있…"

나는 사랑을 주는 사람이라는 말을 오물거리면서 창문 틈으로 밀려
들어오는 모래먼지를 보고 있었다. 사막으로 가는 길은 멀고 지루했
지만 반가운 어떤 것이 그곳에서 기다리고 있을 것 같은 느낌이 들
었다. 모래 먼지 때문에 한 손으로 입을 막고 있던 형이 불쑥 내게
말했다.

"그런데…… 너, 말이다."
"네."
"꿈이 없다고 했잖아?"
"… 예 … 이젠 없어요."

형은 다시 창문 밖으로 고개를 돌렸다. 창문은 모래먼지가 쌓여 이
제 밖이 잘 보이지 않을 정도로 뿌옇게 변해 있었다. 시선은 창 밖에
둔 채 형이 이렇게 말했다.

"너, 그러지 말고. 그냥 헛된 꿈이라도 꿔봐라."

기차는 9년 전의 그 역에 멈춰 섰다.
노오란 기차역. 사막의 모래 바람이 만들어 놓은 금빛의 도시에 도
착했다. 시간은 선처럼 길게 이어진 것이 아니라 점으로 한 번에 뿌

려져, 9년 전의 기차역이 9년 후의 기차역과 함께 존재하는 것처럼 모든 게 똑같아 보였다. 기차역사 밖으로 나오자 호객꾼들이 소리치며 달려들었다.

"아메르 게스트하우스! 비박 게스트하우스! 타이타닉!"

언젠가 본 적이 있었던 것만 같은 사람들. 서로 어깨를 밀치며 반짝반짝 손을 흔들어 나를 부른다.

"싸고 좋은 방이 있어요!"
"가이드북에도 나온 게스트하우스라니까요!"
"친구! 여기야, 여기!"
"헛된 꿈이라도 꾸어라! 헛된 꿈이라도 꾸어라!"

나는 소리가 들린 쪽으로 화들짝 고개를 돌렸다. 이쪽저쪽으로 몸을 돌려 귀를 기울여 봤지만 소리는 다시 들리지 않았다. 나는 분명 그 소리를 들었다. 하지만 소리는 밖에서 들린 소리가 아니었다. 내가 떠나온 곳에서는 좀처럼 들리지 않았던 소리! 뻐끔뻐끔 입 모양으로만 보이던 그 소리, 소리는 내 안에서 울려 나왔던 것이다.

"헛된 꿈이라도 꾸어라!"

어쩌면 나는 그 말을 다시 듣기 위해 9년 후의 오늘로 달려온 것인지도 모른다.

헛된 꿈도 없는 인생은 정말 사막 같은 인생이니까.

그때 그 형은 사랑을 받기보다는 사랑을 주는 사람으로 살고 있을까? 그리고, 내가 꾸려는 헛된 꿈은?

* 짜이 왈라 : 짜이(인도 식 밀크 티)를 파는 사람

43

접혀진 페이지

모페드를 타고 선셋 포인트로 나갔다.

되는대로 들고 나온 책 한 권과 함께.

보름 넘게 이 시간이면 만나는 물통을 든 청년과 이십여 미터 떨어져서 일몰을 맞는다.

이 맘 때의 노을 빛은 책을 맛있게 태운다.

활활 타오르는 책 속에서 나는 아직 시작되지 않은 어떤 이야기를 듣는다.

바람이 살짝 책장을 넘긴다.

접힌 페이지에 멎는다.

'전에 여기까지 읽었던 걸까?'

접힌 모서리를 펴고 페이지를 읽는다.

처음 보는 내용이다.

딱히 접어서 기억해 둘 만한 내용도 없다.

'어디서부터 다시 읽어야 되지?'

마치 지금의 나와 같다.

나는 접혀서 멈추어 있다.

그 사람이 내 손을 치우던 그 날부터였나? 아니면 그 전부터였나?

이전의 내용도, 이후의 내용도 모르겠다.

도대체 나는 어디서부터 나를 읽어야 할까?

여행을 한다는 것은,

접힌 곳을 발견하고 다시 나를 읽는 일인가?

이전도, 이후도 무시해 버린 채 침을 한 번 꿀꺽 삼킨 후,

펼쳐진 이 곳부터 다시 시작하는 것인가?

CNO.STGO
RUTA D⁰ LOR

캥거루의 주머니

운이 없었어. 버스 운행시간을 잘못 알고 간 탓에 시설이 좋은 딜럭스 버스는 이미 떠나버렸고 형편없이 낡은 로컬 버스를 두 시간이나 기다려서 타게 됐던 거야. 거기까지도 괜찮았는데 두 명씩 앉는 좌석을 놔두고 세 명씩 앉는 좌석에 먼저 앉아 있었던 게 실수였어. 텅텅 비어 있던 좌석은 버스 출발시간이 되자 갑자기 몰려든 승객들로 순식간에 만석이 돼버렸고 내 옆에는 덩치가 소만한 남자 두 명이 떡하니 앉아버렸어. 세 명이 앉아야 되는 좌석에 다섯 명이 앉아 있는 기분이었지. 무려 열 시간을 그렇게 갈 생각을 하니까 출발 전부터 맥이 탁, 풀려버리고 말았어

버스가 출발하면서부터 예상대로 고난이 시작됐어. 금세 곯아 떨어진 옆자리 덩치남이 안다리 벌리기로 공간을 압박해 오는 바람에 나는 조금씩 밀려서 버스 창문에 짜파티* 처럼 찰싹 달라붙은 꼴이 돼버렸어. 몸을 움직여 공간을 넓히려고 해도 덩치남에게는 소용없는 짓이었어. 차 안은 만석으로 북적거렸고 도로의 흙먼지 때문에 창문을 모두 닫아 놓아서 숨이 턱턱 막히는 한증막 안에 앉아 있는 기분이었어. 겉옷을 다 벗고 반팔의 소매까지 걷었는데도 등줄기에서는 땀이 흘러내려 굵은 도랑을 파고 있었어.

버스는 비포장 도로 위를 박수치듯 흔들흔들 달리고 있었고 단조로운 창 밖의 풍경을 바라보고 있던 나는 언젠지도 모르게 스르륵 잠에 빠져버렸어. 이틀 동안 쉬지 않고 기차와 버스를 갈아타고 이동한 탓이었어. 잠결에 몇 번 어슴푸레 눈을 떴다가 다시 잠이 들고 그러다가 꿈속에서 엄마가 덮어주신 따뜻한 이불을 덮고 잠을 자는데

갑자기 휘익, 하고 이불을 뺏기는 데서 잠을 깼어.

눈을 뜨자, 버스 안은 놀랍게도 내용물 없는 냉장고 속처럼 휑한 풍경이었어. 지나온 몇 개의 정거장에서 옆 자리의 두 덩치를 포함한 대부분의 승객들은 내렸고 버스에는 이제 열 명 남짓한 승객들만 남아 있었어. 일교차가 심한 계절이라서 아까와 다르게 버스 안은 한밤의 찬 기운이 꽉 들어차 있었어. 허겁지겁 외투를 껴입었는데도 손이 떨릴 정도로 추웠어.

넓어진 좌석 덕분에 두 발을 쭉 뻗고 편하게 잠을 청하는데도 버스 안의 냉기 때문에 쉽게 잠이 오지 않았어. 이상하게도 옆에 앉아 있었던 두 덩치가 보고 싶어지더군. 옆에 바짝 앉아서 아까처럼 나를 압박해 주었으면. 그러면 불편해도 따뜻한 잠을 잘 수 있을 텐데 말이야.

몸은 피곤해 죽겠다고 소리를 지르면서 주책없이 눈이 감기는데도 외투를 비집고 들어오는 한기 때문에 도저히 잠을 이룰 수가 없었어. 버스 안을 휘익 둘러보니 맨 뒷좌석에 남자 승객 두 명이 서로 어깨를 맞대고 잠들어 있었어. 그 모습이 너무나 따뜻해 보였어! 나는 슬그머니 자리를 털고 일어나서 그들 곁으로 자리를 옮겼어. 그리고는 염치불문하고 두 남자 옆에 바짝 붙어 앉았지. 그들은 업어가도 모를 만큼 깊은 잠에 취해 있었어.

조금 지나 내 몸에 온기가 번질 무렵, 고물 버스는 덜컹덜컹 자장가를 불러줬고 나는 순식간에 달콤한 잠에 빠져들었어.

그런 때가 있었어. 누군가 내게 너무 가까이 다가와서 많이 불편했던… 내가 차지하고 있는 공간을 빼앗긴다는 생각을 했었고 그래서 나도 모르게 싫은 내색을 하고 떨어뜨릴 이유를 만들어냈었지.

조금만 참을 걸 그랬어. 불편함은 따뜻함을 안고 있는 캥거루의 주머니 같은 건지도 모르는데 말이야.

45

뻔한 얘기 Ⅲ

뻔한 얘기지만

외로운 사람은 반갑다.

가만히 기다리는 나무 그림자

공격을 알리는 모기의 나팔소리

죽자 살자 달려드는 호객꾼

비행기가 방금 만든 구름 길

배낭을 메고 이제 막 숙소에 도착한 여행자

자꾸 머리를 기대는 옆자리 승객

외로운 사람은 반갑다.

자기 빼고 모든 것.

이름표

스벅스벅 신발을 끄는 소리가 가까이 다가와서 고개를 돌리니 거기 그가, 심심한 돌처럼 서서 나를 빤히 쳐다보고 있었어. 단번에 그의 가슴팍에 꽂힌 하얀 손수건 이름표가 눈에 들어왔어. 그는 살짝… 정신을 놓친 사람 같았어. 내가 손수건에 적힌 대로 이름을 불렀더니 남자는 반사적으로 작동되는 로봇처럼 세 번이나 반복해서 자기 이름을 말했어. 그래서 나도 남자에게 내 이름을 말해줬어.

"메라 남 바니 헤"

남자가 알아들었다는 듯이 고개를 끄덕이더니… 다시 한번 또박또박 자기 이름을 세 번 말했어!?
이번에는 차나 한잔 같이 할 생각으로 차를 마시는 시늉을 하면서 '짜이? 짜이?' 말하자, 남자는 근엄한 표정으로 고개를 가로 저으며 자기 이름을 세 번 더 외쳤어!! 도대체가 자기 이름 이외에는 어떤 것도 관심이 없다는 듯이.
딱히 할 말이 없어진 나는 슬그머니 등을 돌려야 했어. 조금 걸어가다가 뒤를 돌아보니 남자는 그때까지도 나를 보며 서 있었어. 나는 손을 높이 들어 남자에게 흔들어줬어. 남자는 나를 향해 두 손을 입에 대고… 자기 이름을 크게 세 번 외쳤어!!

저렇게 자꾸, 자기 이름을 되뇐다고 놓친 정신을 잡을까 싶었어. 얽혀버린 자신을 처음처럼 풀어줄 수 있을까 싶었어. 그러다가… 사실은 나도 그와 별반 다를 게 없다는 생각이 들었어.
내 맘에서 맴도는 이름 하나를 자꾸 중얼거리고 있거든. 혹시라도 다른 길로 가던 이름이 다시 돌아볼까 싶어서, 아직도 내 맘에 또박또박 쓰인 이름표 하나 간직하고 있거든.

47

두께

일상이라는 책은 두껍지만
여행이라는 책은 얇다.
하지만 더 오래 읽게 된다.

사랑이라는 책은 두껍지만
이별이라는 책은 얇다.
하지만 더 오래 읽게 된다.

48

다른 마음

그럴 때가 있어.
나는 버스 창문을 열고 싶은데
옆자리 승객은 닫았으면 할 때.

사는 게
사랑하는 게
곳곳에 나랑은
다른 마음이 있어.

그런 줄 알면서도

네 마음 나와 달랐다고
네 마음 변했다고
사람들은 오랫동안 억울해 하지.
오래오래 원망하며 지쳐가지.

두 개의 침대

이 모습을 한 번 상상해봐.

방문을 열고 들어서면, 방안에 두 개의 침대가 있는 거야.
당신은 두 개 중 마음에 드는 침대 위에 배낭을 내려놓고
창문으로 걸어가서 창문을 열고 밝은 거리를 내다보는 거야.
따뜻한 오후의 햇살이 기분 좋게 눈꺼풀을 살살 간지럽히는.

다시 이렇게 상상해 봐.

방문을 열고 들어서면, 방안에 두 개의 침대가 있는 거야.
당신은 방금 전 동행이 떠난 침대를 바라보다가,
창문으로 걸어가서 창문을 열고 밝은 거리를 내다보는 거야.
따뜻한 오후의 햇살이 눈꺼풀을 찔러서 스르륵 눈물이 나오는.

같은 빈 자리라도 이렇게 다른 것을.
당신이 알게 될 때는 너무 늦은 것을.

하염없이라는 말

하염없이라는 말

한 달 동안 바다만 보면서 지냈던 적이 있습니다. 하염없이 말이죠.
그래서 그런지 '하염없이' 라는 말, 이제 나는 쉽게 쓰지 못합니다.

그때 내 마음에 담겼던 바다에서는 뒷모습을 보이며 울렁울렁 떠나
던 살아 있는 것들의 깊이 모를 외로움과 상실감, 그리고 텅텅 끌려
오던 살아서 돌려받을지 모를 생명보험 환급금 같은 희망들이 뒤섞
여 지칠 기색 없는 파도에 밀려 하염없이 마음 밖에 토해지고 있었
습니다.

하염없이 기다려 본 사람은 알 겁니다.
그 하염없이의 시간이 마음 앞에선 언제나 부족하다는 것을.

51

사람의 마음을 붙잡는 기계

'사람의 마음을 붙잡는 기계'

그런 기계가 있었으면 했어.

꾸벅꾸벅 장거리 기차나 버스를 타고 가다보면

스멀스멀 말도 안 되는 몽상들이 떠오를 때가 있잖아.

'사람의 마음을 붙잡는 기계' 도 그 중에 하나였어.

만약,

세상에 '사람의 마음을 붙잡는 기계' 가 있다면

마음을 놓쳐서 헤어지는 사람이 없게 될 테고

다시 마음을 얻게 된 사람들은 행복하게 될 거라고.

그 기계만 생각하면 늦었지만 얼굴에 미소가 번졌어.

하지만,

오래지 않아 나는 우울해지고 말았어.

'사람의 마음을 붙잡는 기계' 가 발명되고 나면

분명 누군가가 '사람의 마음을 떼어놓는 기계'도
발명해 낼 거라는 생각이 들었거든.

누군가는 절실하게 '사람의 마음을 붙잡는 기계'가 필요하고
누군가는 간절하게 '사람의 마음을 떼어놓는 기계'가 필요한.

그게 사는 것이다, 싶어.
그게 사람 사는 세상이다, 싶어.

52

이 길을 끝까지 걸으려면

발가락에 물집이 잡혔습니다.

오랜 시간 걸었으니 어쩌면 당연한 일이겠지요.

바늘로 콕 찔러 물을 빼내고 그 안에 실을 넣어

새살이 돋기를 기다립니다.

하지만 걸을 때마다 찌걱거려서 따갑고 불편합니다.

도대체 왜 이 길을 걷게 되어 이렇게 고생을 해야 되는지,

살짝 짜증이 나기도 합니다.

하지만 어쩔 수 없지요.

내게는 이미 물집이 잡혔고 새살은 돋기를 기다리고 있습니다.

이 길을 끝까지 걷는 데는 불평이나 원망은 아무런 도움이 되지 않

습니다.

이 길을 끝까지 걸으려면, 나는 새살을 가만히 기다려야 합니다.

약속처럼 돋아날 새살을 반갑게 기다려야 합니다.

53

낙타의 무릎 같은

낙타의 무릎 같은

낙타의 무릎을 본 적이 있나요?

낙타가 바닥에 앉는 걸 본 적이 있나요?

낙타는 무릎을 꿇으면서 바닥에 앉아요.

표주박에 가랑잎을 띄워 건네주듯이

민들레 홀씨를 불려고 입을 '후' 하고 오므리듯이

속눈썹 긴 눈망울처럼 순해 빠져 보여서

세상살기 참 힘들겠다 싶은 동작으로 말이죠.

평생 수도 없이 꿇어 앉은 까닭에

부드럽던 무릎에 딱딱한 굳은살이 박혀 못생겨지고

잊혀진 무덤처럼 안쓰러워 보이기도 하지요.

하지만 그 무릎이 사막을 건너게 해요.

푹푹 발목을 당기는 모래웅덩이 속에서도

쑥쑥 몸을 뽑아올릴 수 있는 것도 그 무릎 때문이고요,

좀처럼 크기가 작아질 리 없는 둥근 혹 때문에 몸이 무거워도

볼품없는 그 무릎이 안전하게 땅에 앉고 쉬게 하는 거지요.

그러니 내 마음도 낙타의 무릎이면 어때요?

느릿느릿 낮게 앉아 굳은살이 박혀도

쑥쑥 메마른 사막을 건널 수 있는

순해빠진 낙타의 무릎이면 어때요?

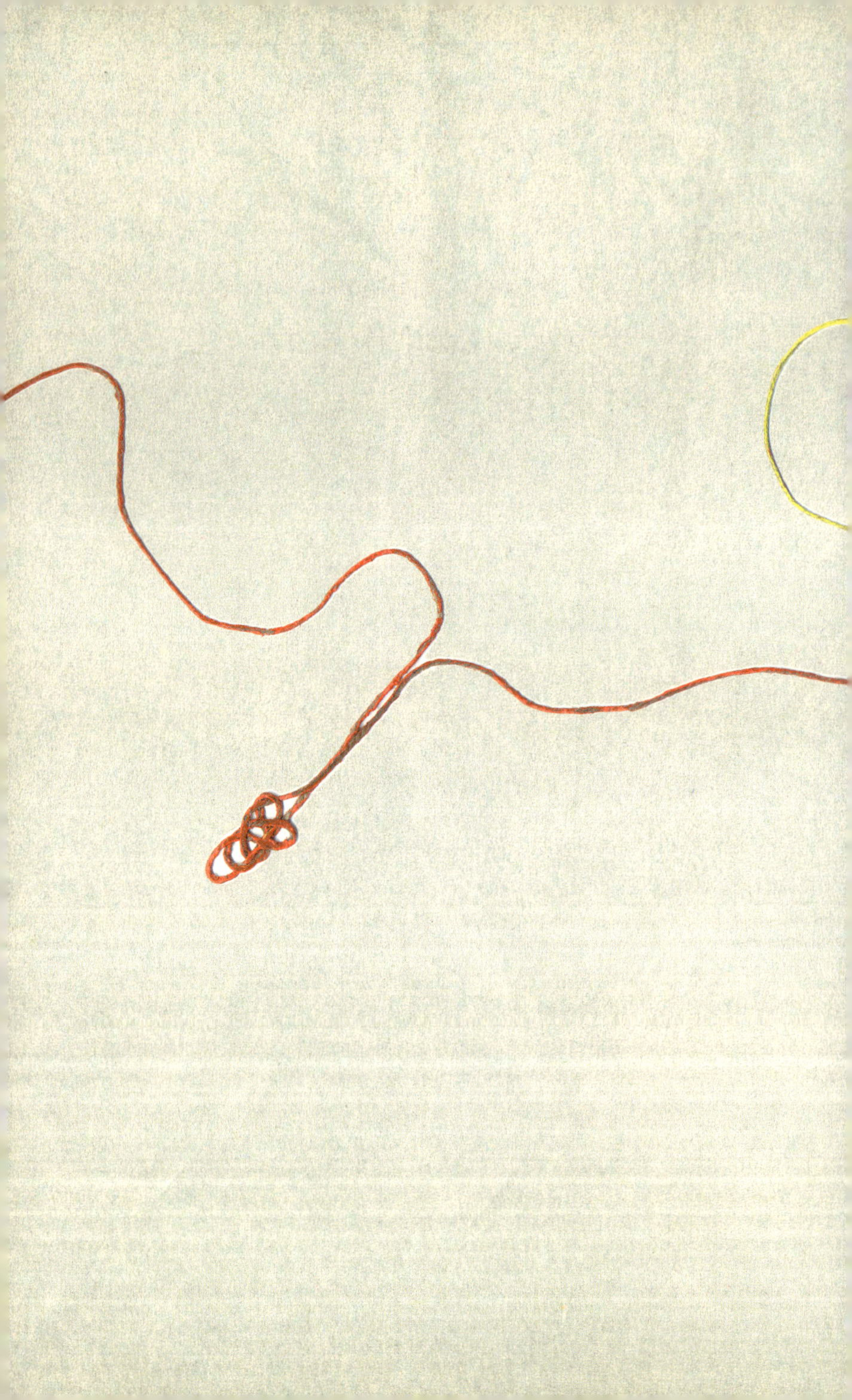

당신만의 태양과

바람 속에서 말이죠

54

둥글게

객차 안에서 노인은 깁스를 한 부인의 손톱을 깎아주고 있습니다.

부인은 신문의 낱말풀이를 풀고 있습니다.

노인은 실수라도 할까봐서 손톱깎이 끝에 온 신경을 집중합니다.

부인이 고개를 들어 생각나지 않는 낱말을 물어봅니다.

노인은 동작을 멈추고 골똘히 생각에 빠집니다.

부인이 뭐라 말을 하면 노인이 뭐라 대답을 합니다.

부부가 동시에 고개를 끄덕이면 낱말 한 칸이 채워집니다.

노인은 다시 손톱을 깎기 시작합니다.

덜컹거리는 기차 때문에 한참이 지나서야 손가락 하나가 마무리됩

니다. 그 곁으로 시간이 살금살금 뒤꿈치를 들고 걸어갑니다

순간,

네모난 낱말상자가 둥글게 깎입니다.

네모난 창 밖의 풍경이 둥글게 깎입니다.

네모난 기차가 둥글게 깎입니다.

네모난 내가 둥글게 깎입니다.

노부부가 서로를 깎으며 만들어온 둥근 세월처럼

세상의 모난 것들이 잠시 둥글게 깎여 나갑니다.

Banque
Michel Inchauspé
bami
bami
GALERIES de GARAZI

55

가지런히

참 가지런히도 놓았습니다.

자물쇠 하나하나

손톱깎이 하나하나

머리빗 하나하나

그리 값나가는 물건도 아닌데

참 정성 들여 놓았습니다.

이처럼 이면 좋겠습니다.

나뭇잎 한 장이라도

새똥 하나라도

눈인사 한 번이라도

그늘 한 켠이라도

이미 지난 사랑의 어느 한 때라도

내 맘속에 이처럼

가지런히 놓았으면 좋겠습니다.

정성 들여 담았으면 좋겠습니다.

뻔한 얘기 Ⅳ

뻔한 얘기지만

길을 자주 헤매본 여행자는 알아요.
길은 서둘러 찾을수록 더 찾기 힘들다는 걸.

길을 자주 헤매본 여행자는 알아요.
때로는 멈춰서 쉬어야 한다는 걸.

길을 자주 헤매본 여행자는 알아요.
도움이 필요할 땐 손을 내밀어도 된다는 걸.

길을 자주 헤매본 여행자는 알아요.
헤매던 시간도 여행의 소중한 부분이라는 걸.

정말, 뻔한 얘기지만
길을 자주 헤매다가, 자주 잃어버린 여행자는 알아요.

셀 수 없이 자주 헤매다가, 길을 잃어버려도
찾는 곳이 영영 사라지는 것은 아니라는 걸.
찾는 사람이 영영 사라지는 것은 아니라는 걸.

57

운수 나쁜 날

운수 나쁜 날

먼저, 내가 말해 볼게. 내가 얼마나 운이 없는 사람인지.

인도에 도착하기도 전에 방콕의 게스트하우스에 한 장뿐인 타월을 흘리고 왔고, 바라나시의 가뜨*에 앉아 있다가 좀처럼 그럴 리 없는데도 말벌한테 쏘였고, 인도 수상이 온다고 해서 퍼레이드를 구경 갔다가 소매치기를 당했고, 오토바이를 타고 산길을 내려오다가 넘어져서 피투성이가 됐었고, 휴대폰 등록을 사기 당해서 전화 한 통 걸지도 못하고 알람시계로 써야 했어.
이 정도면 정말 운이 없는 사람임이 분명하지? 하지만 그 후의 일들은 이랬어.

애기를 들은 일본인 친구 토시가 자기 게스트하우스로 초대해서 여분의 타월을 내줬고, 벌에 물려 이를 악물고 있는데 가뜨의 짜이집 여주인 우쌰가 된장 같은 걸 구해 와서 발라줬고, 다행히 가방 안에는 돈은 없었고 게스트하우스 열쇠만 있었는데 자물통을 열기 위해 친구 씨아람이 자기 머리통만한 망치와 정을 들고 나타나서 웃겨주었고, 피를 철철 흘리면서 게스트하우스에 들어서자 여행객들이 소리를 지르면서 난리를 피우더니 잠시 후 온갖 종류의 연고를 들고 나타나서 코 끝을 찡하게 만들어주었고, 인도의 끝 모를 사기에 대해서 떠들어대자 식당주인 미투가 자기 이름으로 심카드를 구입해서 휴대폰을 개통시켜줬지.

운수 나쁜 날은…

단지, 운수 좋은 날의 전날에 불과하다는 것!!

* 가뜨(ghat) : 강으로 내려가는 계단

운수 나쁜 날은…

단지, 운수 좋은 날의 전날에 불과하다는 것!!

Blue
Hills

선물

여행자 거리의 노점 찻집에서 독일 여행자 한 명을 만난 적 있습니다. 어디 왁자지껄한 먼지 축제에라도 다녀오는 길인지, 온몸에 잔뜩 먼지를 뒤집어 쓴 채 자전거 한 대를 끌고 나타났던.

어디서 오는 길이냐고 물어보니, 그곳에서 2,400km 정도 떨어진 남쪽에서 오는 길이라며 하얀 이빨을 환하게 보이던.

어떻게 그 먼 길을 혼자서 자전거로 올 수 있었냐고 다시 묻자, '멈추지만 않으면 돼'라고 짧게 말하고는 껄껄껄 웃기만 했던.

그래요, 여행이 됐든 연애가 됐든 멈추지만 않으면 어디든 환하게 도착할 테지요.

짧은 대답 속에 긴 울림을 담아 선물로 주었던, 70세의 백발 여행자, 슈르츠 아저씨!

귀를 잡아요

이런 건 어때요?

친구나 연인과 한바탕 말다툼을 하다가

이제 그만 싸우자고 말하고 싶은데 왠지 지는 것 같아 망설여질 때

미안하다고 말하면 왠지 손해 보는 것 같을 때

맘 속에선 불쑥불쑥 솟아나는데 입으로는 나오지 않을 때

그때, 살짝 자신의 양쪽 귀를 손으로 잡아보는 건.

인도에서는 그러거든요.

싸움에서 자기가 졌다는 의미로, 이제 그만하자는 의미로,

자신의 양쪽 귀를 잡거든요.

말로 하기 힘들 때가 있잖아요.

서로 눈치만 보면서도 씩씩거릴 때가 있잖아요.

꼭 말로 듣지 않아도 다 이해되는 마음이 있잖아요.

그럴 때 슬쩍, 귀가 가렵기라도 한 듯이 귀를 잡고

슬쩍, 싸움을 끝내기로 하면 어때요?

모나의 집에 초대합니다

모나의 집은 시바신이 사랑한 오래된 도시, 바라나시에 있습니다. 큰 도로 옆에 있어서 누구나 쉽게 모나의 집을 찾을 수 있습니다. 모나의 집에는 세 식구가 삽니다. 모나와 육십이 넘은 모나의 아빠 자끄 그리고 강아지 소니. 모나의 엄마는 모나를 낳다가 먼저 하늘나라로 갔다고 들었습니다. 모나는 올해 여섯 살이 돼서 학교에 갑니다. 학교에 가는 날보다는 집에 있는 날이 더 많지만 모나는 언제나 학교 교복을 입고 다닙니다. 똑같은 교복을 입은 아이들 사이에 섞여 있어도 모나는 쉽게 눈에 띕니다. 모나는 정말 크고 예쁜 눈을 가졌거든요.

모나의 집에는 벽이 없습니다. 벽도 없지만 지붕도 없습니다. 지붕도 없지만 화장실도 없고 부엌도 없고 거실도 물론 없습니다. 며칠 전 모나의 아빠 자끄가 일을 하고 얻어온 시멘트로 바닥을 올린, 반 평 넓이의 길바닥이 모나의 집입니다.

잠잘 때 발이 닿는 쪽은 경찰 오토바이를 세워놓은 주차장이구요, 머리 쪽은 하수가 흘러가는 도랑이 있습니다. 눈여겨보지 않으면 그

곳이 집인지 아무도 알아채지 못하지만, 그곳은 분명히 모나의 집입니다.

모나의 집에는 전화기가 있습니다. 언젠가 외국인 여행자가 사준 35루피짜리 장난감 전화기입니다. 걸 수도 없고 걸려오는 전화도 없지만 집에 손님이 찾아오면 모나가 제일 먼저 자랑하는 물건입니다. 또 모르죠. 모나만은 그 전화기를 통해 누군가와 매일 통화를 하는지도.

벽도 없고 지붕도 없으니 밤이 돼서 추우면 어떻게 하느냐고 물으면, 너무 걱정하지 말라고 합니다. 털이 많은 강아지 소니가 곁에서 함께 잠을 자니까요. 소니는 턱 밑으로 피부병이 생겨서 하루에 한 번씩 자끄의 손에 잡혀 오일을 뒤집어쓰는 처지에 놓입니다. 함께 잠을 자는데 피부병이 있으면 곤란하니까요.

누구나 처음, 모나의 집을 방문하면 3루피짜리 짜이를 한잔 대접 받습니다. 집 근처 학생들의 통학 릭샤를 운전하고 한 달에 1,500루피_{약 37,000원}를 버는 자끄는 늘 그렇게 손님을 대접합니다. 누군가 모나를 데리고 가서 점심을 사 먹이면, 다음에는 그가 짜이를 대접하고. 누군가 모나를 데리고 가서 신발을 사서 신기면, 찔레비*를 사와서 대접을 하고. 누군가 모나에게 크레파스를 사주면, 벨뿌리* 과자를 대접한답니다. 자끄에게 공짜로 호의를 받는 일은 절대 없다는 사실을 명심해야 합니다.

모나는 찾아 온 손님의 무릎 위에 마른 나뭇가지 같은 팔을 얹고는 지금까지 자기가 학교에서 배운 모든 걸 가르쳐줍니다. a는 애플이고 e는 엘리펀트…. 1에서 100까지 영어로 외울 줄 알고, 벌써 곱하기도 잘 합니다. 어쩌면 당신 손바닥에 파란색 볼펜으로 자기 원래 이름은 모니카monika 라고 써줄지도 모릅니다. 모나가 한눈을 파는 사이, 살짝 펼쳐 본 학교 알림장에는 크리스마스 파티에 공주 옷을 입고 오라는 통지문이 영어로 써 있습니다. 공주 옷을 입고 학교에 갔는지는 알 수 없지만, 공주 옷을 입은 모나를 상상하면 벌써 마음이 흐뭇해집니다.

해가 기우뚱 내려앉아 쌀쌀해지면 자끄는 모나에게 양말을 신으라고 얘기하고 좀 더 날이 어두워지면 귀마개를 하라고 말합니다. 그리고 좀 더 어두워지면 나가서 놀던 소니가 집으로 돌아옵니다. 그 사이 모나의 집 앞으로는 소들이 지나 다니고 좋은 옷을 입은 사람들이 뿌자*를 올리러 가뜨로 향하고 경찰들이 분주히 오토바이를 탔다 내렸다 하고 멀리서 순례를 온 사두*들이 집 뒤에서 잠깐 발길을 멈추기도 합니다. 그 모든 풍경이 모나네 집에서는 고개 하나 까딱하지 않아도 훤히 보인답니다.

우기가 시작되면 어떻게 하느냐고 물으면, 모나의 아빠 자끄는 그냥 한쪽 눈을 깜빡, 감으며 윙크를 해줄 겁니다. 얼마 전, 숙박비가 엄청나게 비싼 파이브 스타 호텔에 손님을 데려다준 적이 있다고 릭샤왈라 씨아람이 말했더니, 모나의 아빠 자끄가 '우리 집 위에는 셀

수 없이 많은 별이 있으니, 훨씬 비싼 호텔'이라며 빤*을 씹어서 빨
간 이빨을 드러내고 웃었습니다.

거리 한 귀퉁이에 섬처럼 떠 있는 모나의 집에 당신이 들른다면, 아
마도 나와 같을 겁니다. 찰랑찰랑 당신 맘을 흔들다가 슬그머니 가
슴팍에 바위처럼 올라앉는 것의 정체가 무엇인지, 당신도 처음에는
고민을 할 겁니다. 하지만 너무 오랫동안 고민하지 않아도 됩니다.
당신이 모나의 눈망울을 본 적이 있다면, 모나를 바라보는 아빠 자
끄의 눈을 본 적이 있다면, 너무 많은 고민은 하지 않아도 됩니다.
다만, 모나의 집이 정말 섬이 되지 않도록 당신 맘 속에 튼튼한 다리
하나 놓아주면 됩니다.

61

인연의 법칙

걸어가는 나를 다짜고짜 붙잡아 앉히고는 관상을 봐주겠단다.

내 얼굴이 관상을 봐주고 싶은 관상인가?

점쟁이가 돋보기를 얼굴에 들이대려는데,

아니, 잠깐만요…

당신 관상이 별로 안 좋아요…

저는 관상이 좋은 다른 점쟁이에게 관상을 볼래요…

사람의 인연도 그런 거란다.

취향에 따라 선택하는 게 인연이란다.

언제든 한쪽이 다른 한쪽을 피할 수 있는 게 인연이란다.

그러니 지금 붙잡고 싶어서 애가 타는 인연이 있다면,

그냥 편의에 의한 인연이라고 가볍게 생각하란다.

그것이 인연에 치여 죽지 않는 유일한 방법일지 모른단다.

LOUVRE
Rembrandt
et la figure
du Christ
Exposition du 21 avril au 18 juillet 2011
DNP

수도꼭지를 열어놓는 이유

그 마을에 도착하면 금방 알게 될 거예요. 여행자들이 그 마을을 떠난 뒤에도 왜 그 마을을 그토록 그리워하고 먼 훗날, 꼭 한 번 다시 찾고 싶다고 말하게 되는지를. 당신이 배낭을 메고 골목길 모퉁이를 막 돌아서면 거기, 공동 수돗가의 수도꼭지에서 물이 한두 방울씩 떨어지고 있는 걸 볼 수 있을 거예요. 그러면 당신은 이런 생각이 들겠죠? '아니, 이렇게 물도 부족한 동네에서 물을 낭비하다니.'

당신이 막 수도꼭지를 잠그려고 할 때 두꺼운 혓바닥을 날름거리며 당신 옆으로 다가오는 소 한 마리를 보게 되면 그때서야 당신은 아차 싶은 마음에 다시 수도꼭지를 열게 될 거예요. 그 마을은 어느 골목이나 마찬가지예요. 마을에 있는 모든 수돗가는 그렇게 물을 조금씩 열어놓는답니다. 지나가던 소가 목이 마르다고 혼자 수도꼭지를 틀 수는 없으니까요. 뛰어 놀던 강아지가 저 혼자 앞발로 수도꼭지를 켤 수는 없으니까요.

마음도 그렇게 다른 누군가를 위해서 조금씩은 항상 열어놓아야 되는 건지 몰라요.

DON'T W
THE SUN
YOU

FOR
SHINE
+
HINE

63

아저씨의 진열장

아저씨는 작은 진열장을 하나 가지고 있었어. 진열장 안에는 대여섯 종류의 과자들과 입가심용 껌과 칫솔과 치약, 그리고 몇 가지 색깔의 볼펜들이 키를 재며 진열되어 있었어.

물건을 사러 가게에 오는 사람들은 손가락에 꼽을 정도로 뜸해서 진열장 앞에 덩그러니 의자 하나를 놓고 앉아 있는 아저씨는 손님을 기다리는 게 아니라 가게 문 닫을 시간만 기다리고 있는 사람처럼 보였어. 그렇게 장사해서 입에 풀칠이라도 할 수 있을까 싶었지만 아저씨는 그런 건 상관없다는 듯, 찾아오는 동네 사람들과 대화를 하거나 어슬렁거리며 지나가는 소의 등을 만져주는 일로 하루를 보냈어.

가게 문 닫을 시간이 되면, 아저씨는 수고스럽게도 진열되어 있던 상품들을 모두 꺼내서 상자에 곱게 담아 집 안으로 가지고 들어갔고 아침이면 다시 상자에서 물건들을 꺼내 전날과 같이 차곡차곡 진열장에 다시 진열해 놓았어. 밤새 진열장 안에 그냥 넣어둔 채 자물쇠를 잠가도 누구 하나 가져 갈 리 만무한 내용물인데다가 인심도 사납지 않은 동네인데 아저씨는 번거로운 일이 지겹지도 않은지 매일매일 꺼내놓고 집어넣고를 반복했어.

어느 오후, 바닷가로 일몰을 보러 가기 전에 콜라를 하나 마시려고 아저씨 가게에 들른 길이었어. 콜라를 마시면서 진열장을 한번 빙 훑어보는데…… 번뜩, 무언가 머릿속을 스쳐 지나갔어.

'어? 어제는 풍선껌이 진열장 맨 위에 있었는데 오늘은 세 번째 줄에 있네?!'

이런 걸 놀라워해야 되는 건지 잘 모르겠지만, 진열장 안에 있는 물건들의 자리가 매일매일 바뀌고 있었던 거야. 다음에 또 눈여겨보니, 볼펜의 위치도 매일매일 바뀌었고 사탕도 두 번째 칸에 있다가 첫 번째 칸으로 자리를 옮겨 있곤 했어. 그렇다고 마구잡이로 물건들을 꺼내놓는 게 아니라 항상 처음 있던 자리처럼 깔끔하게 정리되어 있었던 거야.

하루, 하루… 매일 똑같은 하루, 그 스물 네 시간.
하루라는 진열장 안에는 늘 똑같은 시간이 흘러가고, 비슷비슷한 일상이 담기고 너무 뻔해서 눈 감고도 이리저리 진열할 수 있는 너무 쉬운 하루…
하지만 아저씨의 진열장을 보면서 알았어. 하루라는 진열장 안의 똑같은 물건들이 사실은 조금씩 자리를 바꾸면서 매일매일 새로운 하루로 태어난다는 것을. 어느 하루도 결코 똑같은 하루는 없다는 것을. 찾아오는 손님이 있든지 없든지, 늘 새롭게 하루를 준비해야 한다는 것을.
어제의 나를 오늘 다시 베끼지 말아야 한다는 것을.

64

포 도 한 알

드디어 아이가 포도 한 알을 얻었습니다.

아까부터 발이 저려도 꼼짝 않고 과일행상 앞에 앉아 있다가

살짝, 꼭지에서 떨어져 나온 새큼한 한 알을 얻은 겁니다.

한 아이가 받아먹자, 나머지 아이들은 더 애가 타서

포도를 손질하고 있는 아저씨의 손끝을 뚫어지게 바라봅니다.

포도 한 알조차도 저렇게 발 저린 기다림 끝에 얻어지는 것인데,

사람의 마음 하나 얻으려면 얼만큼이나 저려야 되는 걸까요…?

길이 아름다운 이유

길 저쪽 끝에서 승용차 한대가 다가옵니다.

무슨 문제가 있는 건지 거북이처럼 천천히 움직입니다.

한참 후에야 옆으로 지나가는데 사람 걸음보다 훨씬 느리게 갑니다.

'부엔 까미노좋은 길 되세요!!'

운전자가 창 밖으로 머리를 내밀고 소리칩니다.

차가 멀리 사라진 다음에야 왜 그렇게 속도를 줄였는지 알게 됩니
다. 흙 길에서 차를 빨리 달리면 순례자가 흙먼지를 뒤집어 쓸까 봐,
거북이 걸음으로 차를 운전했던 겁니다.

길이 아름다운 이유는 결코 풍경 때문이 아니었습니다.

항상 사람 때문이었습니다.

언제나, 사람 때문에 길은 더 아름다웠습니다.

66

당신만의 스텝으로

노랗게 잘 익은 햇살이 떨어지는 옥상 위에서,

빨래가 말라가는 모습을 지켜본 적이 있나요?

햇살은 연어의 몸짓으로 힘차게 빨래에 스며들고

바람이 능청스레 빨래를 어르고 달래는

한가로운 풍경 속에 앉아 있다가

나 혼자만 심각한 사연 때문에

한동안 막아버렸던 귀가 허락없이 스르륵 열리고

그 틈으로 악보 위에 없는 서툰 음악이 어린 물결처럼 밀려들어서

벅찬 마음으로 신발을 벗어 던지고

이런 저런 핑계들도 집어 던지고

씰룩씰룩 혼자 스텝을 밟아 본 적이 있나요?

당신만의 스텝으로,

당신만의 태양과 바람 속에서 말이죠.

그렇게 마르는 빨래와 함께

혼자만 심각하여 거룩했던 당신의 사연이

바삭바삭 말라가는

감쪽 같은 시간을 보낸 적이 있나요?

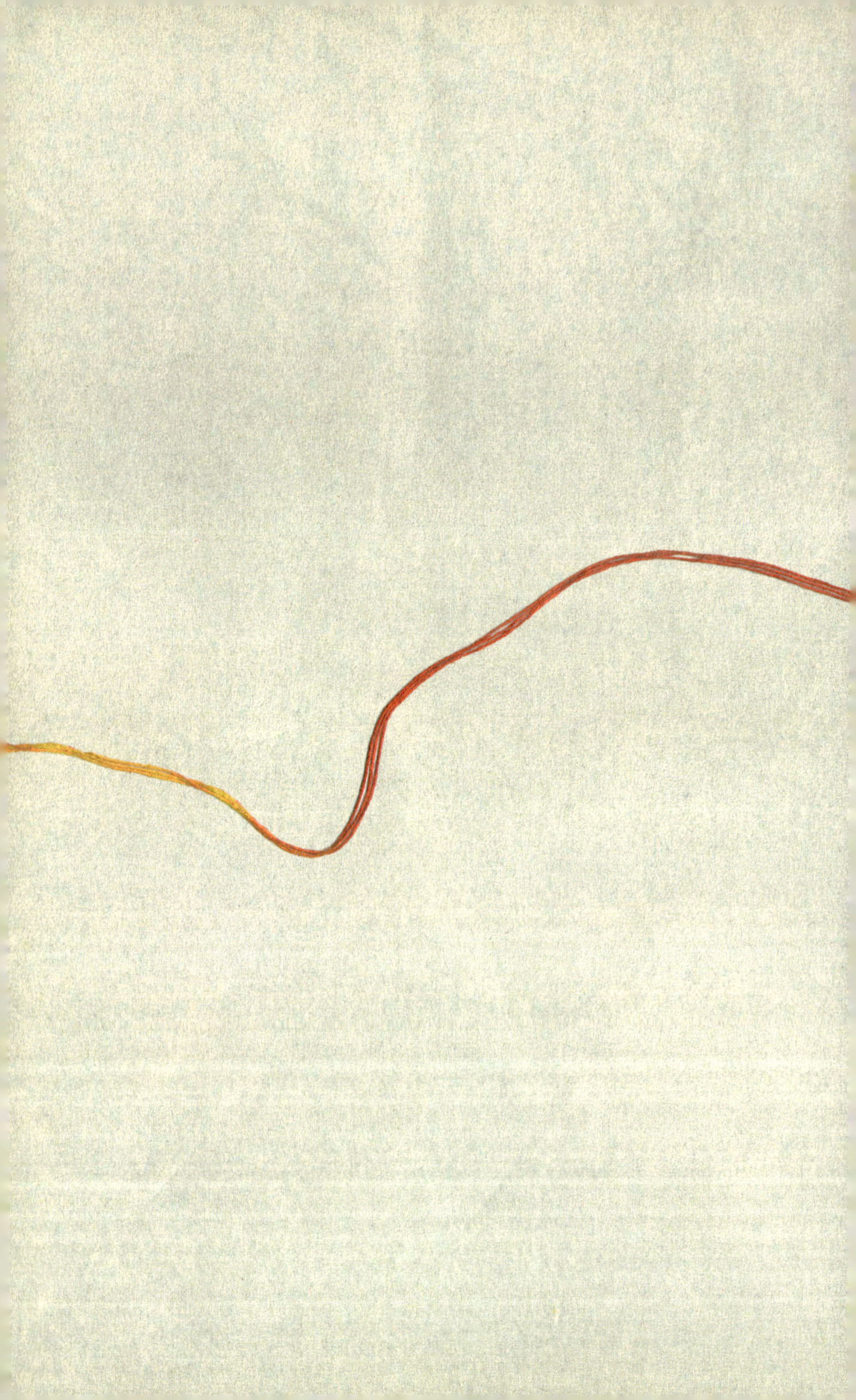

누구나 가슴에 꽃 하나 있어요

67

미안합니다

맹인 아저씨,
좁은 기차 칸에서 더듬더듬 걷다가
지팡이가 아줌마의 슬리퍼에 걸려도
몸이 군인의 다부진 어깨에 부딪혀도
먼저, 미안합니다, 미안합니다.
이번에는 내 배낭에 부딪히고
고개가 떨어져라 미안합니다, 미안합니다.

아니,
그렇게 따지면 저도 미안합니다.
보지 못해서 툭툭 치고 지나친 마음들이 어디 한둘이겠습니까?
불편을 끼친 게 한두 번이겠습니까?
아프게 하고 상처까지 남게 하고
심지어 쓰러지게 한 적도 있었는데요.
눈을 뜨고도 보지 못한 경우가 너무 많았는데요.
그러니 저도 미안합니다.

제가 더 미안합니다.

미운 그 사람

제이는 오랫동안 사귀던 애인과 헤어지고 인도에 여행을 온 청년이었어. 헤어지고 나니, 그 사람이 너무 미워서 그 사람과 함께 했던 모든 것이 싫어졌다고 했어. 함께 보던 영화도, 함께 먹던 찜닭도, 함께 하던 수영도, 함께 응원하던 야구팀도, 함께 타던 후룸라이드도, 함께 걷던 거리마저도….

그 모든 게 싫어져서 보니 그 모든 걸 빼면 할 수 있는 게 하나도 없었다고 했어. 그래서 그 사람이 더 미워졌다고 했어.

한동안 정신없이 방황을 하다가 문득 생각해 보니, 단 한 번도 헤어진 애인과 여행을 다녀온 적이 없었다는 사실을 깨달았다고 했어. 둘 다 바쁜 직장생활 때문에 시간 맞추기가 어려워서 그리 됐다고 했어. 그래서 '이거다' 싶어 인도로 떠나왔다는 거야.

여행을 하다 보니 마음이 후련해졌다고 했어. 이제는 각자의 길에서 잊고 살아갈 수 있을 것 같다고 했어.

어느 날, 제이와 나는 남인도의 알라뿌자에서 꼴람까지 가는 8시간 수로 유람을 하고 있었어.

날은 푹푹 삶아댔지만 유람선이 지나가는 강 양쪽으로 훤칠한 야자수들이 시원하게 뻗어 있었고, 아이들은 강가에서 하얀 이를 사탕처럼 물고 물장구를 치며 평화롭게 놀고 있었어. 강 위에는 파랗고 빨갛고 노란 중국식 어망이 널려 있었는데, 그림처럼 아름다워서 그 안에 덥석 잡혀버리고 싶은 생각이 들 정도였어. 유람선 안의 승객들 모두 입을 벌린 채 그 풍경 속에 텀벙 빠져 있었지. 그때, 제이가 스르륵 말을 흘렸던 거야.

"아… 같이 왔으면 정말 좋았을 텐데……"

고개를 돌려 제이를 쳐다보니, 제이는 자기가 무슨 말을 하고 있는지조차 모르는 표정으로 파란 하늘에 펼쳐진 그물을 응시하고 있었어. 거기 무언가 걸린 것처럼 안타까운 얼굴이었지만 나는 괜찮을 거라고 생각했어. 같이 왔으면 좋았을 그 사람을 이제 억지로 미워하지 않아도 될 테니까. 그물에 걸려 있던 그것이 몸을 뒤틀어 강으로 다시 돌아갈 테니까.

69

뻔한 얘기 V

당신이 아무리 많이 배웠어도

당신이 아무리 많은 돈을 모았어도

당신이 아무리 많은 사람들과 페이스북 친구여도

당신이 아무리 많은 나라를 여행했어도

당신이 아무리 깊은 철학을 갖고 있어도

당신이 아무리 큰 꿈을 품고 있어도

당신이 갖기를 원한

단 한 사람의 마음을 얻지 못했다면

아무 소용이 없다.

미안하지만, 정말 아무 소용이 없다.

뻔한 얘기지만

당신이 평생 그 모든 걸 쥐고 있어도

단 한 사람의 마음을 얻지 못해 평생 아파할 수 있으니까.

네 몸에 남은 나

줄기가 자라 뿌리가 되는 반얀 나무 아래에서
추억이 다시 만남이 되면 좋겠어, 하고
바람의 몸이 떠올라 어깨를 터는 그 나무 아래에서
내 몸에 아직 살고 있는 네 몸에 나도 아득해진다.

몸이 먼저고 마음이 나중이거나
마음이 먼저고 몸이 나중이거나
우린 그런 순서 따위 상관없이
지독하게 얽히었었지.

몸도 마음도 다 불어간 지금도
여기 남아서 자라는 것이 있는데
털어내도 자꾸 자라,
다시 뿌리 되어 울게 하는 것이 있는데
마음이 살아 몸을 다시 만들고
몸이 다시 살아 마음을 기르는데

네 몸에 남은 나는 뿌리도 줄기도 잘려,

거기서 더 외로울 텐데.

71

한 귀퉁이

남자는 한 귀퉁이를 얻었습니다.

9년 전, 처음 봤을 때부터 지금까지

남자는 골목 한 귀퉁이에 굳은살처럼 앉아서

오고 가는 수많은 발들에 설레며

구두 밑창을 갈고 신발을 꿰맸습니다.

때로는 그 자리에서 점심을 먹었고

때로는 그 자리에서 낮잠을 잤습니다.

골목을 지나가는 무수한 발들에

가끔은 한쪽 어깨나 무르팍을 심하게 부딪히고

수시로 좌판 앞을 막아서는 자동차에 손님을 놓치면서도

기죽지 않고 밀리지 않으면서

한 귀퉁이를 지켜냈습니다.

한 귀퉁이,

거기가 그가 얻은 전부지만

그의 평생이 거기 있습니다.

이제야 알겠습니다.

한 귀퉁이가 한 사람의 세계라는 것을.

하나의 세계가 한 귀퉁이에서 시작된다는 것을.

너나없이 한 귀퉁이를 빌려 잠시 산다는 것을.

길 위에서

인도의 시골길을 가다 보면요, 그 좁은 외길에 먼저 자동차가 달리고 있습니다. 그 옆으로 신호도 없이 버스가 추월을 합니다. 버스를 피해서 오토바이가 아슬아슬하게 질주합니다. 그때, 한 손에 아이 키만한 삽을 들고 자전거를 탄 아저씨가 등장합니다. 그 앞으로 자기 몸보다 훨씬 큰 가방을 메고 하교하는 예닐곱 살의 아이들이 걸어옵니다. 그 뒤를 두 마리의 소가 느그적 느그적 따라오고 있구요. 방금 도로변에 도착한 오리 떼는 손을 들지도 않고 줄줄이 도로를 횡단하기 시작합니다. 한쪽에서는 텃새를 부리는 강아지가 수탉을 도로 한가운데로 내모는 풍경도 보입니다. 삼륜자전거 뒤에 노모를 태우고 열심히 페달을 밟는 총각도 있습니다.

이 모든 등장인물들이 비좁은 외길의 도로 위에 한꺼번에 쏟아져 올라와 있습니다. 놀라운 일이지만, 동시에 그 모든 사물과 생명들이 좁은 외길 위에서 아무렇지 않게 모여서 살아가고 있는 것입니다.

처음, 이 풍경 속에 들어온 사람들은 깜짝 놀라 뒤로 자빠지기도 합니다. 처음에는 이 혼란스러운 모습에 놀라지만, 두 번째로는 이 모든 혼란스러움에도 불구하고 누구 하나 이 길 위에서 자기 외에 다른 사물이나 생명을 쫓아내려고 하지 않는다는 사실에 놀랍니다.

너는 소니까 차들이 다니는 길로 다니면 못써, 라든가 당신은 자전거를 탔으니까 되도록이면 인도로 다니라든가, 쓸데없이 방향을 잃었다고 수탉을 쫓아가 충고를 하지도 않습니다.

그냥 그대로 모든 것을 놓아둡니다. 그냥 그대로 모든 것을 있게 합니다.

누군가는, 이 혼란스러운 상황을 잘 정리하면 좀 더 편리한 환경을 만들 수 있지 않겠냐고 말할지도 모르겠습니다. 그러나 그들은 그들의 방식으로 잘 살아가고 있습니다.

인도의 시골길을 가다 보면 말입니다.
내가 원하는 사물과 사람과 마음들만, 내가 가는 길 위에 있어야 한다는 내 욕심이 어떤 근거로 굳어져버린 것인지 진지하게 고개를 갸웃거리게 됩니다. 어찌 됐거나 이 길 위에서 모두 다 같이 살 수 있는 방법이 있는데도 말입니다.
나는 왜 그때, 그 사람은 왜 그때, 그걸 몰랐을까요?

당신만의 생각!

"나는 말이죠… 한 여자를 평생 그리워하다가 죽을 수도 있을 것 같아요. 나이 오십이 넘어서도 전철 창문 밖을 보려고 뒤로 돌아앉아서 갈 수 있을 것 같구요. 내 아이는 절대로 학원 같은 곳은 보내지 않을 거예요, 걸음마만 떼면 멀리 여행을 데리고 갈 참이죠. 또 언젠가는 주인공이 한 명도 없는, 그래서 모두가 주인공인 이상한 영화를 만들 거예요."

누군가 이런 내 말에 '그건 말도 안 돼!!' 라고 말한다면, 나는 인도에서 내가 본 아래의 풍경을 들려주고 싶어요.

"저기 말이죠… 인도에는 신발이 닳을까 봐 손에 들고만 다니는 사람들이 있어요. 거리에서 땅콩을 팔듯이 가짜 수염을 파는 사람도 있구요. 또 가정용 체중계 하나만 가지고 열 명의 식구를 먹여 살리는 사람이 있어요. 귀지를 파주는 아저씬데 자격증까지 보여주는 경우도 있구요. 코털이 덥수룩한 남자인데도 진하게 화장을 하고 사리*를 입고 다니는 사람들이 있어요."

당신도 분명 있겠지요?
누군가 '말도 안 돼!'라고 울부짖어도 흔들리지 않는 당신만의 생각!
사리(Sari) : 인도 여성들이 입는 전통의상

Learn
REIKI
he Universal Life Energ
B

T CHAI IN
ASIA

식어가는 것은 없는지

옆방의 사찌꼬에게 돼지꼬리를 빌렸다.

진짜 돼지꼬리가 아니라 돼지꼬리 모양의 쇠막대 끝에 전기코드가 달려 있어서 간단하게 물을 끓일 수 있는 기구인데 한국 여행자들은 모두 그렇게 불렀다.

며칠 전 한국으로 돌아가는 여행자에게서 얻은 커피믹스를 컵에 푼다. 누군가 제일 먼저 이것을 소꼬리라고 불렀다면 지금쯤은 소꼬리라고 불렸을까?

훌훌 떠나온 주제에 꽁꽁 갇혀버린 기분으로 네모 반듯한 방안을 둘러본다. 주사위 속에 앉아 있는 것만 같다. '나는 이미 던져진 것인가, 아니면 던져질 것인가?'

잠깐 사이, 커피가 식어 있다.

무슨 생각을 했었던 것일까? 언제 커피를 끓였는지조차 기억나지 않는다. 어제 이맘때쯤 끓여놓은 커피일 수도 있다고, 생각해본다. 조심스럽게 커피 잔을 입에 댄다. 차갑다. 원래 차가운 커피였나? 다시 돼지꼬리를 넣을까 하다가 만다.

이 커피도 분명 뜨거웠겠지?

잠깐 사이 방안의 공기에 열기를 빼앗겼고 지금은 단물 빠진 껌처럼 쓸모를 잃고 잔에 담겨있는 거겠지? 어쩌다가 커피를 끓였다는 사실을 잊어버린 걸까? 타고난 해찰증!

그러고 보면 내가 기억하고 있는 게 몇 개나 될까?

기억해 주지 않으면 식어버리는 건 또 몇 개나 될까?

기억하면서도 식혀버리는 건 또 몇 개나 될까?

식은 커피를 마시며 나는 희망한다.

뜨거웠던 커피처럼 사랑도 열정도 식을 수 있다는 사실을 잊지 말기를… 하여, 내 안에서 기척 없이 식어가고 있는 것은 없는지 자주 살펴보기를… 혹시 식더라도 첫 마음만은 항상 다시 기억해 내기를…

숨 쉬는 기계

"너 자신을 숨 쉬는 기계일 뿐이라고 생각해 봐!!"

두서없이 길고 복잡한 내 사연을 조용히 듣고 나서 요가 스승인 씽 사부님이 그렇게 말했었지.

가끔, 뭐 그리 대단치도 않은 내 꿈의 무게에 눌려서 질식할 것만 같을 때, 손톱만큼이라도 타인에게 상처받지 않으려고 치졸한 방어막을 칠 때, 이토록 착하고, 이토록 능력 있는 나를 사람들이 몰라본다는 생각에 삐칠 때, 내 자신이 슈퍼울트라캡왕짱이 아니어서 심술이 날 때, 왜 매번 내가 사랑하는 사람은 나의 가치를 몰라주는 건지 화가 날 때,
이 말을 주문처럼 중얼거리곤 해.

"나는 단지 숨 쉬는 기계일 뿐인데, 뭐."

그러면 신기하게도 나는 제자리로 돌아와.
돌아온 자리에서 나를 다시 바라봐, 그리고 새롭게 시작해.

Camino de Santiago
Este banco, es para descanso del peregino, respetalo, ¡Buen Camino!   Jul. 03

뽀끄 아 뽀끄

뽀끄 아 뽀끄

"뽀꼬 아 뽀꼬, 뽀꼬 아 뽀꼬 poco a poco, poco a poco"

"네? 뭐라구요?

"뽀꼬 아 뽀꼬, 뽀꼬 아 뽀꼬"

민달팽이처럼 느리게 뒤에서 걸어오던 당신이 내게 말했죠.

그때는 무슨 말인지 알지 못했어요.

숙소에 도착한 후, 친구에게 물어보고 나서야 알았어요.

'조금씩 천천히, 조금씩 천천히'

그래요, 산티아고 800km.

숨이 턱에 차면서도 한 걸음에 걸으려 했어요.

한 걸음에 모든 걸 잊으려 했어요.

한 걸음에 모든 걸 얻으려 했어요.

하지만 당신 때문에 알았죠.

'뽀꼬 아 뽀꼬, 뽀꼬 아 뽀꼬'

그 길 800km, 한 걸음에 걸을 수 없는 것처럼

한 걸음에 잊을 수 없다는 것을.

한 걸음에 얻을 수 없다는 것을.

나만의 속도로 조금씩 천천히 보내주어야 한다는 것을.

나만의 속도로 조금씩 천천히 얻어야 한다는 것을.

안녕하세요? 그리고 안녕히 가세요.

인도에서는 어제도 '껠kal', 내일도 '껠kal'이라고 똑같이 말하지만,
오늘만은 '아즈aj' 라고 다르게 말한다지요?

나마스떼namaste' 라는 인사말은, "안녕하세요?"와 "안녕히 가세요."
라는 의미를 함께 갖고 있다지요?

또 인도인이 섬기는 시바shiva신은 파괴의 신이면서 동시에 창조의
신이라지요?

그래서 많은 여행자들이 인도를 여행한 후에는,
이미 지나간 어제나, 아직 다가오지 않은 내일보다는 지금 '오늘'이
더 중요하다는 걸 깨닫는다지요.
보낼 때도 만날 때처럼 따뜻하게 보내야 된다는 걸 알게 된다지요.
절망은 항상 희망과 함께 온다는 사실을 인정하게 된다지요.

उत्तर प्रदेश जल निगम
मानसरोवर सीवेज़
पम्पिंग स्टेशन

어 디 로

어디로

20시간째입니다. 20시간째, 기차는 달리고 있습니다

이 시간이 되면 어김없이 모든 게 사라집니다.
빛이 사라지고, 소리가 사라지고, 내가 사라집니다
내가 사라진 자리에 내가 낳은 물음만이 돋아납니다

20시간째, 기차는 시간을 삼키고 있습니다

생각이라는 것도 이 맘 때면 쫓아오지 못합니다
마음이라는 것도 이 맘 때면 행방이 묘연해집니다
세상의 모든 것들이 밑 빠진 자루에 잠깐 담겼던 것처럼
자국 없이 사라져버리는 시간입니다

시간의 그림자 아래에 묻어두었던 물음들이
슬며시 고개를 드는 찬란하게 아름다운, 20시간째

나는 지금 어디로 가고 있는 걸까요?
어제로 가고 있는 걸까요? 내일로 가고 있는 걸까요?
나에게로 가고 있는 걸까요? 비슷한 것들을 쫓아 가고 있는 걸까요?
체념으로 가고 있는 걸까요? 그리움으로 가고 있는 걸까요?

긴 시간이 지나서야 알게 됩니다.

뜨겁게 끌어안고 싶은 것이 있는 곳,

언제나 그리로 가면, 그만이라는 것을.

누구나 가슴에 꽃 하나 있다

누구나 가슴에 꽃 하나 있다

누구나 가슴에 꽃 하나 있어요

피우지 못한 꽃이든지
피우고 싶은 꽃이든지

그 꽃이 사랑이든지
그 꽃이 그리움이든지

시들어도 심어두고 있는
꽃 하나 있어요

여행, 그리움을 켜다

2012년 10월 20일 초판 1쇄 발행

지은이 **최반**
디자인 **GINA**
발행인 **김산환**
편집인 **조동호**
편 집 **윤소영**
펴낸곳 **꿈의지도**
인 쇄 **정민문화**
종 이 **월드페이퍼**

주소 경기도 파주시 교하읍 문발리 출판문화단지 516-2 성지문화빌딩 401호
전화 070-7535-9416
팩스 0505-991-9416
홈페이지 www.dreammap.co.kr
출판등록 2009년 10월 12일 제82호

ISBN 978-89-97089-15-4 13980

La Casa
de los
Dioses